高等院校摄影摄像精品课程

数码摄影通用技法

编著◎耿琪

上海人民美术出版社

目 录

前言　数码摄影概述

一、拥有相机——数码摄影的硬件空间
1. 数码相机的选择 / 6
2. 数码相机机身 / 7
3. 镜头类型 / 8
4. 储存设备 / 11
5. 输入与输出设备 / 13
6. 各种附件 / 14

名家案例之一：小相机也能出好作品 / 17

二、按下快门——数码摄影基本操作
1. 数码相机一次性设置 / 20
2. 拍摄时的经常性设置 / 22
3. 白平衡设置 / 25
4. 光圈与快门 / 26
5. 测光模式选择 / 27
6. 曝光方式选择 / 29
7. 对焦方式选择 / 31
8. 场景模式 / 32
9. 图像回放及处理 / 34

名家案例之二：麦克纳利谈曝光 / 35

三、更进一步——展现图像的活力
1. 景深控制技法 / 38
2. 动感控制技法 / 40
3. 瞬间抓拍技法 / 43
4. 色彩控制技法 / 44
5. 平面构成技法 / 47
6. 各种闪光技法 / 53
7. 现场光摄影技法 / 55

名家案例之三：关于构图的辩证法 / 57

四、专题之一——人像摄影
1. 造型的选择 / 60
2. 光线的作用 / 61
3. 调性的营造 / 62
4. 心理与细节处理 / 63
5. 室外肖像 / 64
6. 生活快照 / 66
7. 美女摄影 / 67
8. 创意人像 / 68

名家案例之四：数码单反拍人像 / 69

五、专题之二——风景摄影
1. 光线的选择 / 72
2. 天气的特征 / 73
3. 日出与日落 / 75
4. 山景的拍摄 / 76
5. 水景的拍摄 / 78
6. 园林的拍摄 / 79
7. 都市风光拍摄 / 80
8. 气氛的营造 / 82
9. 创意风光摄影 / 83

名家案例之五：不一样的风景 / 85

六、专题之三——旅游摄影
1. 准备工作与器材 / 88
2. 旅途中交通工具的拍摄 / 89
3. 旅游纪念照 / 91
4. 旅游集体照 / 93
5. 民情风俗摄影 / 94
6. 生态环境摄影 / 95
7. 异域采风要点 / 97
8. 旅途中的构成 / 98

名家案例之六：弗里曼的旅游摄影 / 100

七、专题之四——夜景摄影
1. 夜景摄影的准备 / 104
2. 一次曝光法 / 105
3. 多次曝光法 / 105
4. 升降、摇动曝光法 / 106
5. 人与夜景结合 / 107
6. 焰火的拍摄 / 108
7. 月景和星辰 / 109

名家案例之七：弱光下的拍摄实例 / 111

八、数码摄影后期——调整和创意
1. 显示器色彩校正 / 114
2. 电脑数字化管理 / 116
3. 图像的基本编辑处理 / 117
4. 选取范围与技巧 / 119
5. 图层和通道控制 / 121
6. 色彩管理和填色技巧 / 124
7. 绘图与修图工具 / 125
8. 滤镜分类和使用 / 126
9. 历史记录和动作设置 / 129

名家案例之八：从传统到数码 / 130

我们今天所说的数码图像，主要是指数码相机以及电脑、软件等相关设备的组合操作所产生的图像。其特点是以数码相机的光传感器取代传统的照相机胶卷，并通过电脑中的软件操作取代传统摄影的暗房操作，整个过程都是数字化的记录、保存和处理，从而展现出前所未有的生命力。数码图像对影像的记录准确而便捷，它以数据文件的形式保存于计算机系统的存储设备中，安全可靠，不会蜕变；复制图像只需利用电脑中普通的文件拷贝操作，轻而易举而毫无损失；传递图像只需传递它的拷贝，没有丢失和损坏之忧。如果利用现代网络技术和通信技术，图像的传送就更为迅速可靠；依靠数码相机，摄影过程也会变得异常的直观、简捷和高效，摄影师有更多的精力用于创作。

数码影像是由数以百万微小的图像元素组成，这些元素一般称为像素。这些像素储藏在数码相机或者计算机内，采用的基本计数方式是二进制的计数方式，也就是以 "0" 和 "1" 的组合构成。我们最终看到的图像文件的本来面目都是数量庞大的 "0" 和 "1" 两种符号按一定的规则形成的集合，尽管这是一种异常复杂的 "天书"，但是数码相机和计算机已经完成了相互间的 "沟通"，并转换成我们视觉可以辨认的图像，因此在使用和处理上变得格外方便。

数码相机的诞生以 1988 年富士公司和东芝公司联合研制成功的富士 DS-1P 数字静像相机为标志。随后，真正实用意义上的数码相机，则是 1991 年 5 月上市的柯达数码相机系列（DCS）100，以及 1992 年由苹果公司推出的 "快拍 100"（QuickTake100）。这些固定焦点的数码相机只能拍摄像素很低的数码照片，保存的数量也非常有限，但是却实现了拍摄、传输和处理的数码一体化过程，具有里程碑的意义。如今，数码摄影已经进入了成熟期，其发展空间巨大，前景无限。然而如何真正把握并且运用数码技术的巨大潜力，将数码摄影变成现代传播的利器，还需要一定的专业知识和相关的技巧。

一、拥有相机——数码摄影的硬件空间

数码摄影和传统胶片摄影最大的不同，就是照相机的感光方式发生了本质的变化。于是，了解数码相机的基本构造和相关的成像方式，把握其记录影像和输出影像的基本规律，就能很快从传统摄影的领域进入数码世界，或者直接从数码摄影入手，获得精彩的影像。

目的 —— 了解数码摄影硬件的基本构造和相关的成像方式，把握其记录影像和输出影像的基本规律。

重点 —— 如何通过硬件的了解从传统摄影的领域进入数码世界，或者直接从数码摄影入手，获得精彩的影像。

课时 —— 8课时

1. 数码相机的选择

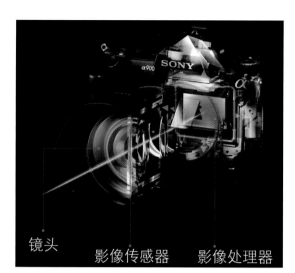

镜头   影像传感器   影像处理器

数码单反相机的构成

Tips

数码相机选购

在购买数码相机时，除了检查相机本身的质量，以及查看应该配备的一些附件，如计算机连接线、充电设备、软件光盘之外，还需要考虑购买备用电池、更大空间的存储卡，以及一些特殊的附件如滤光镜、附加镜头、三脚架等。

Tips

数码微型单反相机

数码微型单反相机简称数码微单，又称单电相机，是指可以交换镜头的、但是没有反光镜而是靠 LCD 实时取景的小型相机。数码微单的优点在于媲美单反的大尺寸的感光元件、可以更换镜头的优点，这两项是普通小型 DC 无法超越的，但是和专业数码单反还是有一定的距离。适合不满足小型 DC 的粗糙画质、局限的构图创意，又接受不了单反的庞大机身的摄影爱好者使用。

对于数码摄影来说，首先需要的就是一台数码相机。购置数码相机应该根据使用的需要和经济能力而定，不要一味追求高档。作为一般的家庭使用，1000 万像素以内的一体式数码相机已经足可发挥其在生活中的作用。如果是出于专业摄影的需要，就应该选择一些著名品牌的单镜头反光式的数码相机，这类相机的镜头以及附件大多和传统的相机兼容，因此可以配合传统相机使用，降低从胶片向数码转换的成本。如今还出现了介于一体式和单反数码相机之间的可更换镜头单元的数码相机，也就是可更换镜头的非单反数码相机，为数码相机的选择增添了新的可能。

从分类看，目前市场上的数码相机大约可以分为这样四种类型：家用型，适合一般家庭的拍摄使用，自动化功能比较全面，有多种选择模式，在价格和质量上达到最佳的平衡；时尚型，外观设计更具时尚魅力但是功能略为简化的机型，适合年轻一代和女性群体的使用，成为现代生活流行的时尚元素之一，也是商家吸引购买者眼球的焦点；发烧型，适合摄影发烧友使用的一体化机型，功能更为强大，具有丰富的手动和自动功能，尤其是镜头变焦范围更大，广角镜头一端达到传统相机的 28mm 左右；单反型，单镜头反光型数码相机，镜头可以交换，适合专业摄影师和高级数码发烧友使用，一般像素都在 2000 万以上，可以和传统相机拍摄的反转片效果媲美。

在选择和购买数码相机时，除了检查相机本身的质量，以及查看应该配备的一些附件，如计算机连接线、充电设备、软件光盘之外，还需要考虑购买备用电池、更大空间的储存卡，以及一些特殊的附件如滤光镜、附加镜头、三脚架等。

〇光学变焦范围：小型数码相机上光学控制的变焦范围，最长焦距和最短焦距之比称为变焦比。一般的小型数码相机变焦比在 3 倍左右，发烧型数码相机上 10 倍变

可更换镜头的微单相机

焦比已经司空见惯。注意其和数码变焦的区别，因为后者并非是实际意义上的变焦，拍摄质量难以保证。

○对焦系统：大部分的小型数码相机都具备了自动对焦系统，方便拍摄。但是如果需要获得更大的灵活性，建议选择有手动对焦功能的相机。

○焦距换算：由于小型数码相机的 CCD 或 CMOS 尺寸一般都比普通的 135 相机所用的 35mm 胶片小，因此镜头所拍摄的视角也会相应变小。选购时应该弄清楚实际焦距，选择适合自己的拍摄风格。

○拍摄模式：大部分小型数码相机都预置了多种拍摄模式，比如人像模式、运动模式、风景模式等等，方便拍摄出满意的照片。

○电池续航时间：数码相机都是使用电池提供拍摄动力的，因此对于电池的持续拍摄时间（续航时间）的选择也就显得非常重要。不管是使用哪一类电池，续航时间应该越长越好。

○储存卡：数码相机在出售时会附送储存卡，这块储存卡的储存空间越大当然越合算。

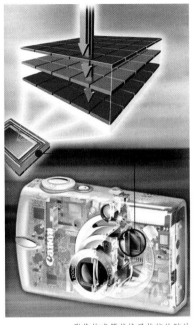

影像传感器替换了传统的胶片

2. 数码相机机身

数码照相机是将"原始影像"直接转化为光的亮度和色彩的数据并加以记录的工具。和传统的照相机比较，数码相机的结构有很多相同之处，比如照相机的镜头，机身的前部结构以及一些快门、光圈等装置都非常类似。两者都是通过被摄景物反射的光线使感光材料发生变化，从而记录图像，然后将这种变化放大或者强化，使之可见。只不过传统相机是通过化学药剂，数码相机则是电子手段而已。

与传统相机相比较，数码相机最为重要的变化就是光电传感器，它是一块平面的感光半导体材料，主要分为 CCD 和 CMOS 两种。拍摄时受光单元产生电荷后转化为光强数值，这些数值集合起来形成了影像的数码文件，放入照相机的储存空间里。因此，这一部分实际上取代了传统的胶片，因此变得更为直接和快捷。事实上，数码相机所有主要的拍摄阶段都在相机内部完成了，包括捕捉图像、转换处理和储存。而传统相机则将图像处理和储存放在相机外完成。

光电传感器中的 CCD 具有较长的历史，特点是技术相对比较成熟，成像质量稳定。其主要为索尼公司所垄断，生产成本较高，但是占得市场先机。CMOS 特点是对光线敏感，传递速度快，更省电，成本也低。开发商以佳能公司为主要代表。

数码相机的光电传感器有不同的规格大小，最常见的有：

1/3 系统和 2/3 系统，实际感光面积分别为 4.8×3.6mm 和 8.8×6.6mm，多用于数码摄像机和袖珍型、全自动型数码相机上。由于感光面积较小，成像的质量受到一定的限制，但是成本较低，市场的普及率较高，被家庭摄影和业余摄影者乐于选用。

4/3 系统，实际感光面积为 17.8×13.4mm，大约是 2/3 系统实际感光面积的 4 倍，在像素、噪点以及感光面积三方面达到了较合理的平衡，是奥林巴斯单反相机主推的传感系统。

APS 尺寸系统，实际感光面积约为 25.1×16.7mm，为目前中高档数码单反相机普遍采用的传感器尺寸。

全画幅系统，实际感光面积接近 36×24mm，和传统的 135 胶片的感光面积相似，所以称为全画幅。由于制作工艺和成本等原因，它目前只用于顶尖的数码单反相机上，以佳能相机为代表。

Tips

数码微单的优势

优势一：口袋机大小、专业机性能。它填补了"需要备用机的职业摄影师"和"需要轻便机型的摄影爱好者"这两大用户群体对数码相机的潜在需求的空白。优势二：比准专业DC更出色的画质。它通过高素质镜头群以及组件的支持，在更高的画质上兼具DC的强大的功能可拓展性，比如艺术滤镜、高清视频等功能。

影像传感器尺寸的对比

当传感器和光电转换系统配合，就能产生我们所需要的数码影像。而数码影像则是由数以百万微小的图像元素组成，这些元素一般称为像素。这些像素储藏在数码相机或者计算机内，采用的基本计数方式是二进制的计数方式，也就是以"0"和"1"的组合构成。

尽管从一般原理上说，数码相机的像素越高，成像能力就越好。但是数码相机的质量还取决于动态范围——感光传感器再现影像阶调的程度，以及所能达到的影像质量水平，相当于银盐影像中影像层次的密度范围。

3. 镜头类型

数码摄影通用技法

Tips

数码相机取景器

数码相机的取景器有多种样式。最简单的取景器就是一个液晶显示屏，用液晶显示屏显示取景的范围。大部分一体化数码相机除了液晶显示屏之外，还有一个光学取景器，可以在关闭液晶显示屏的情况下进行取景，以节省电力。数码单反相机一般只有光学取景器，延续了传统单反相机的取景模式。

数码相机的镜头根据其构造一般可以分为两大类：与机身一体化的镜头和独立的镜头。前者作为一体化数码相机，主要类型为家用型、时尚型以及发烧型，后者则是延续了传统单镜头反光照相机的模式，将镜头和机身分离，更适合专业摄影师的创作需求。

镜头的功能主要取决于焦距的长短，以适合不同的空间表现需要。镜头焦距的长短一般可以分为三大类：焦距较短的广角镜头（包括超广角镜头）、焦距适中的标准镜头、焦距较长的长焦镜头（包括超长距离镜头）。

从原理上讲，标准镜头的焦点距离接近照相机画幅对角线的长度。从实际效果上看，它与人的清晰视角较为接近，拍摄的画面最符合人们的欣赏习惯。以往传统135相机的胶片尺寸为36×24mm，50mm的镜头相当于胶片对角线的长度，所获得的全部信息等同于我们肉眼的观看效果，因此成为135相机的标准镜头。

如今传感器为全画幅的数码相机，它的传感器面积和传统135胶片的尺寸相当，因此标准镜头的概念也可以依此类推。但是如果传感器的面积发生变化，标准镜头的概念也会发生相应的变化

沿用全画幅传感器的标准，如果镜头焦距比标准镜头短，视角比标准镜头更为广阔的镜头，一般被称为广角镜头。和传统的135照相机一样，广角镜的范围包括

标准镜头和拍摄的影像

广角镜头和拍摄的影像，阿斯菲里卡尔摄

鱼眼镜头和拍摄的影像

28mm、24mm、21mm、17mm、14mm、11mm 多种，其中后面几种因为视角特别广阔，因此又被称为超广角镜。用超广角镜拍摄的画面由于远近物体的大小比例悬殊，能产生强烈的空间透视效果，在展现画面空间辽阔的同时，还突出了画面的深远感觉，把远处的景物"推"得更远。

此外还有一种鱼眼镜头。鱼眼镜头实际上也是一种极端的超广角镜头，对于 135 照相机来说，一般是指焦距在 8mm 上下、视角为 180° 左右的镜头。为了获得最大的视角，这种镜头的前镜片凸出在外，因其和鱼的眼睛一样有巨大的视角而得名。用鱼眼镜头拍摄的画面，最大的视角可达 220° 左右，能使景物的透视感得到极大的夸张，从而取得富有想象力的特殊效果，它所存在的严重的桶形畸变有时也能使画面产生独特的情趣。

同时，焦距比标准镜头长，拍摄视角更窄的镜头，称为中长焦距镜头。在拍摄时，中长焦距镜头能把远处的景物拉近。对于 135 照相机，80mm 到 135mm 左右的镜头称为中焦距镜头，135mm 到 300mm 左右的镜头称为长焦距。当焦距超过 300mm 特别是达到 400mm 以上时，我们就将这类镜头称为超长焦距镜头，它的功能就如同高倍的望远镜。超长焦距镜头不仅能把很远处的景物拉近，而且能够强烈地压缩空间，使画面变得相当简练紧凑，又不会影响远离镜头的被摄对象。

除了定焦距镜头之外，现代数码相机更多流行变焦距镜头，也就是以一个焦距可以连续变化的镜头代替多个定焦距镜头。变焦距镜头被香港摄影家称为"神镜"。它的"神"就"神"在一支镜头可以代替多支定焦距镜头，而且旋转或推拉变焦环，它的焦距是连续可变的，对于精确构图和裁取画面尤为方便，因此又有"一镜走天下"的美称。

一般来说，变焦距镜头的选择主要

中长焦距镜头和拍摄的影像

品种丰富的变焦镜头

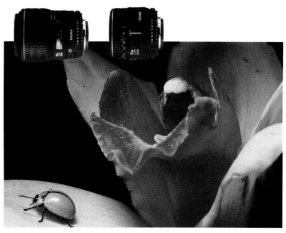
微距镜头和拍摄的影像

是变焦比的选择，也就是它的最短焦距和最长焦距之比。常见的变焦比有2倍、3倍、4倍、5倍和6倍多种，以传统的质量观念来看，一般选择3倍左右的变焦比较合适，比如摄影师经常在单镜头反光相机上使用两支变焦镜头28~80mm和80~200mm，就属于这一变焦范围。但是随着镜头制作工艺的不断提高，如今高倍率的变焦镜头也足以胜任专业的拍摄需要。尤其是在一些发烧型的小型数码相机上，变焦距镜头的变焦比已经达到10倍以上，最大的为12倍，完全可以满足各种题材的一般拍摄需要。

由于大部分的小型数码相机的CCD或CMOS尺寸一般都比传统的135相机所用的35mm胶片小，所以镜头所拍摄的视角也会相应变小。因此数码相机的镜头焦距常常有一个换算的说明，比如数码相机8 ~ 32mm的变焦范围，相当于35mm相机24 ~ 96mm的变焦范围，因此在购买数码相机时必须考虑这一点。如果是在非全画幅系统单镜头数码反光照相机上使用传统镜头，则需要乘上一个固定的系数，如1.5倍。具体的计算公式为：镜头系数=135胶片对角线长度/影像传感器有效成像面积对角线长度。比如一支28~70mm的变焦距镜头，用在一台APS尺寸传感器的数码相机上，乘上1.5的系数，就变成了42~105mm的变焦镜头了。

在手动变焦镜头中，一体化数码相机的变焦镜头和单反相机的变焦镜头还是有一定区别的。前者由于镜头和机身完全融为一体，因此往往在照相机的大拇指控制的区域，会有一个变焦选择按钮，通常以W和T两个英文字母显示，前者是向广角镜头方向转变，后者是向中长焦距镜头方向转变。拍摄前只要向这两个方向推动，就能完成焦距的变化。此外，在浏览拍摄图像时，这一按钮还具有放大和缩小图像的功能。在一些高端的发烧型数码相机上，变焦方式也往往设计成单反相机的模式，以手动旋转的方式进行细微调整，适应更为专业的拍摄需求。

单反相机上独立使用的变焦镜头又分为"单环推拉式"和"双环转动式"两种。前者变焦环和对焦环合二为一，前后推拉时改变镜头焦距，左右转动时完成对焦。它的特点是使用方便，拍摄迅速，但容易产生对焦偏移，在俯仰拍摄时镜头筒也容易滑动，比较适合于新闻、体育、日常生活的抓拍使用。后者的变焦环和对焦环各自独立，转动操作互不影响，有利于精确对焦和防止滑动，但不如单环推拉式对焦来得方便，比较适合于风光、静物、一般人像的拍摄。

小型一体化数码相机除了光学镜头变焦之外，还常常设有数码变焦功能，通过图像放大器模拟变焦效果。由于数码变焦只是一种像素充值的方式，对于Jpeg格式来说，数码变焦的效果略优于后期插值放大的图像效果，但对于无损的Tiff或Raw格式来说，数码变焦适得其反。其实数码变焦在一般情况下并无实用价值，只是给拍摄者带来一种心理上的安慰，并且往往成为经销商迷惑购买者的一种手段。建议购买时不要将数码变焦范围计算在总体的变焦范围之内，或者在拍摄时根据需要关闭照相机上的数码变焦功能。

如果希望在很近的距离拍摄一些微小的景物时，这就会涉及到微距摄影。以往传统相机的微距摄影主要依靠微距镜头来实现，这些镜头仍然在数码单反相机中使用。微距镜头又称巨像镜头，是一种能产生巨像效果的镜头，主要分为专用型和通用型两种。专用型的微距镜头只能用于近摄，通常是结合近摄皮腔或近摄接圈使用，能获得高倍率的放大影像，焦距有 20mm、38mm、50mm、80mm、135mm 等多种。焦距越短，放大的倍率就越大。通用型微距镜头既能近摄用作微距镜头，也能远摄作为普通镜头用。它的近摄放大倍率比较小，不如专用的微距镜头。在一些变焦镜头中，也有带微距功能的（镜头上标有"Macro"的标志），但它的微距放大率与成像质量都不如定焦的微距镜头。

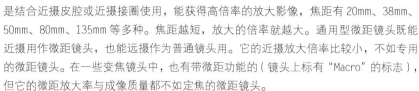
小数码相机和微距摄影

然而对于小型的一体化数码相机来说，微距摄影反而变得轻而易举。这主要是因为小型一体化数码相机的传感器尺寸都比较小，因此可以和镜头吻合形成近距离拍摄的优势。许多小型数码相机的微距距离已经可以缩短到 1 厘米左右，也就是可以距离被摄体 1 厘米的位置上，获得纤毫毕露的视觉影像。微距模式的使用非常简单，只要在拍摄时按下带有一朵小花标志的按钮，液晶显示屏上就会显示同样的标志，也就可以靠近被摄体进行拍摄。一般情况下，使用变焦镜头数码相机的微距模式，位于广角镜头端的微距可以距离被摄景物最近。如果选择中长焦距变焦位置进行微距拍摄，则会距离被摄者较远些，好处是对被摄体的干扰较小。

4. 储存设备

数码相机是通过电子储存卡储存图像的——电子储存卡又称移动贮存器，在传输速度上有低速和高速之分，价格也因此不同。一片高容量的储存卡就像是数十卷胶卷，装卸和更换都不必在暗室中进行。由于采用数字化的记录方式，拍摄后的图像当场可以浏览，不满意的画面也能当即删除。

电子储存卡的类型很多，主要有以下分类：CF 卡，英文名称为 Compact Flash，

目前最流行的 CF 卡和 SD 卡

储存卡的保存和数据连接

又称闪存卡。MMC 卡，英文名称为 MultiMedia Card，又称多媒体卡。SD 卡，英文名称为 Secure Digital Card，又称安全数字卡。MS 卡，英文名称为 Memory Stick，又称记忆棒。xD 卡，英文名称为 eX-treme Digital，又称数码终结者。MD 卡，英文名称为 MicroDrive，又称微型硬盘。

相比较而言，CF 卡兼容性最好，价格也低，据说从 3 米处跌落也不会损坏。缺点是体积较大，无法用在迷你型数码相机上。

MMC 卡整体性能良好，和其他的数码器材如 MP3、手机等标准一致，有很好的兼容性。日立公司在 MMC 卡的基础上新近开发了 RS-MMC 卡——超小型电子储存卡，体积约为 MMC 的一半，沿用 MMC 的 7 针接口，可以通过随卡附送的适配器向上兼容，拓展了适用范围。

SD 卡有特别的加密技术，可防止盗版，安全性强，发展空间看好，所以逐渐登上销售排行榜。新近进入市场的 miniSD 卡，是 SD 卡的"袖珍版"。体积只有 SD 卡的一半左右，接口由 SD 卡的 9 针增加到 11 针，加上适配器后同样可以向上兼容，因其体积小巧、耗电量低，大有开发前景。

MS 卡尽管兼容性差，价格较高，但是因其稳定性和小巧性两大优势，依旧有不小的市场占有率。其中又分为短卡和长长两种，可向下兼容。

xD 卡因其体积更小，传输速度快，然而发展前景还很难预测。

MD 卡由 IBM 生产，和 II 型 CF 卡的接口兼容，容量较大，稳定性也不错，只是防冲击能力较差，也较为耗电。

不管是哪一种类型的储存卡，不用时应该将其放在保护盒中。平时保养储存卡则要注意这样一些要点：要远离磁场，比如磁铁、电视机以及音频扬声器等，防止被磁化后影响数据的读取。储存卡放置在阴凉处，远离炎热环境的强烈阳光。最好是干燥保存，避免在温差很大或者是湿度变化很大的环境中使用。

储存卡的触点极为纤细，很容易被灰沙微粒所磨损，因此需要避免在沙尘环境中从照相机中取出或插入，以防将沙尘带入。

储存卡所拍摄的数据可以通过数码相机直接和电脑连接，由连接线沟通。如果觉得这样连接比较麻烦，也可以将储存卡插入专用的读卡器，直接和电脑关联，读出卡中的数据。这时候可以把储存卡作为移动硬盘或 U 盘使用，方便数码文件的复制、粘贴，灵活轻便，适用性强。读卡器通过专业设计的插槽，可以是针对一种储存卡的，也可以是适应多种储存卡的。

如今储存卡的储存空间越来越大，一般数码相机的选择都在 1G 以上，4G 以上的储存卡也已经普及。但是如果希望拍摄精度很高、数量又非常多的画面，比如远足数周的拍摄，或者是连续拍摄大量商业摄影画面，储存卡的空间似乎就难以胜任了。这

Tips

双重取景数码相机

奥林巴斯生产出世界上第一款可以双重取景的数码单反相机。如今已经普及的这类机型其特点是：既可以通过传统的光学取景器取景、也可以通过翻动的液晶取景屏取景。

时候购买数码伴侣则是明智的选择。微型硬盘，锂电池，加带 8 种以上储存卡插槽的硬盘盒，就构成了数码伴侣。数码伴侣体积较小，可以随身携带、转移储存卡上的数码数据，是性价比较高的数码文件储存移动设备。一般的数码伴侣可以兼容市场上各种流行的储存卡，内置独立电源，可以在没有交流电源的环境下连续拷贝数码文件数小时以上，数据的安全性好，加上至少有 250GB 以上的储存容量（相当于 250 张 1G 的储存卡），足以胜任大量拍摄时图像复制的需求。一般情况下，只需要准备两张一般容量的储存卡，交替使用——一张卡在拍摄时，另外一张卡将数据转移到数码伴侣上，然后将数据转移的卡清空后继续使用，既经济、方便又快捷。

如今市场上的数码伴侣主要分为下面三种：纯数码相机伴侣，功能就是拷贝文件，显示数据复制的过程以及内置硬盘的剩余容量等，价格合适，比较实用；多功能数码伴侣，增加了音频以及静态图像和普通视频的播放功能，彩色显示屏，可以用来代替 MP3 在拍摄途中听音乐，也可以即时浏览图像，功能丰富，价格较高；具有附加功能的数码伴侣，类似 MP4 播放器，26 万色的显示精度，成为影音兼备的数码娱乐中心，是否需要视经济实力而定。

5. 输入与输出设备

数码摄影的图像不仅仅可以通过数码照相机的拍摄来获得，还可以通过一些相关的设备将传统胶片拍摄的图像转换成数码图像来获得。这些图像数码化之后，同样可以转向电脑中进行处理。用于数码图像输入的设备主要就是扫描仪，其中又分为平板扫描仪和胶片扫描仪两大类。

平板扫描仪是将平面图像转换为数据文件，以扫描反射稿为主要功能的扫描仪。它既可以扫描 A4 尺寸（或更大尺寸）的照片，也可以扫描艺术作品或文本，一些型号还可以扫描透明物（通过一个带有附加盖子的附件，称为透扫器）。对于更小的画幅，比如 35mm 胶卷，平板扫描仪难以获得高素质的扫描质量，最好是多花些钱购买胶片扫描仪。

胶片扫描仪是用于扫描传统反转片和负片的专用设备，可将胶片上的影像转换成数据文件。这类比平板扫描仪体积更小但是可以将胶片有效放大的扫描设备，需要比平板扫描仪具有更高的分辨率和更大的动态密度——因此价格也就更高。当今的胶片扫描仪基本上可以满足专业摄影的需要，是传统摄影向数码摄影转换的得力助手。

扫描仪的分辨率是根据每平方英寸的点数计算，这一数字越高就越佳。最基本的平板扫描仪不低于 300ppi，但是目标应该对准 1200ppi 以上的型号。由于负片是必须大倍率放大的，胶片扫描仪至少在 2400ppi 以上。

拍摄完成的数码图像除了可以在电脑屏幕上浏览之外，更多的人喜欢将其输出成平面的图像，提供给更多的人欣赏和传阅。数码图像的输出可以通过专业的输出设备，

数码摄影流程的后半部分为输出方式

胶片扫描仪是数码时代重要的
转换工具

像传统照片一样印制出来。但是这样的输出方式不是一般的家庭所能胜任的,因此对于数码摄影爱好者来说,使用价格低廉的打印机输出,已经成为一种时尚。

输出图像用的打印机主要为喷墨型打印机,以其价廉物美而占据大量的市场份额。主要功能是通过喷射出微粒的墨点,在特殊涂层的纸上形成图像。测量喷墨打印机打印效果是根据画面每英寸的喷墨点(dpi)计算的。一般考虑真实照片质量的最低限度为300dpi,高端喷墨打印能够达到1400dpi甚至2800dpi,使拍摄者足不出户就能获得逼真的照片。

大部分喷墨打印机都可以使用一般的纸张,但是对于真实的照片效果来说,最好就是尽可能选择具有特殊涂料的喷墨打印纸张。它们具有不同的表面介质:光泽的和无光泽的,当然也有一些如同亚麻布以及帆布等肌理的表面——尽管像这些比较粗的表面结构对于图像的锐度表现来说是不利的,但却具有画意摄影的效果,也很受使用者的欢迎。

6．各种附件

数码摄影除了照相机之外,往往还需要一些辅助的器材,以便获得更为多样化的效果,同时也可以拓宽拍摄的范围。常用的附件主要包括闪光灯、滤光镜等。

电子闪光灯又叫万次闪光灯,经历了多个不同历史阶段的发展,已经形成较为成熟的功能。它的主要特点是:操作简便,使用灵活,发光强度大,闪光持续时间极短,可以弥补自然光线不足的弱点。

电子闪光灯的分类主要是两种:一种是固定在相机上的内置式闪光灯,和照相机连成一体,无法从照相机上分离出来;第二种是可装可卸的独立式闪光灯,既可以装在照相机上使用,也可以从照相机上取下来,作为独立的附件使用。这一类闪光灯的能量较大,指数最少也达GN20,通常是在GN30左右,个别大型闪光灯可达GN45甚至60。独立式闪光灯的种类则要多得多,有单体式、手柄式、子母灯式等多种,并具有许多特殊的新功能。

专配式的闪光灯是专供某一牌号相机或某些型号相机使用的闪光灯,当它们与相匹配的相机一同使用,常常具备多种自动功能,达到非常专业化的控制效果。比如我们所熟悉的佳能T系列闪光灯、尼康的SB系列闪光灯等等。

Tips

镜头镀膜

由于任何物体对光线都有反射作用,所以在理论上无论什么镜头都不可能让所有各种角度的光线完全穿过。为了弥补这项缺失,镜片研究者开发了在透镜表面镀上一层膜来增加透光效果,这就是镜头镀膜。当我们观察镜片表面时,能够看到的颜色越深,眼感上越暗,说明反射越少,该种镀膜越有效。

数码摄影通用技法

专门用于数码摄影的高清数字系列滤镜

闪光灯和附件

三脚架起到稳定效果

彩虹镜的使用效果

Tips

镜头镀膜技术

为了满足各种摄影的要求，现代的镜头往往必须镀上多层膜。这些膜的功用各有不同，大致可分为：增透膜、反光膜、滤光膜、偏振膜、保护膜和电热膜等。每一个镜头的不同镜片，都必须根据镜片所用的材质及其对不同色光的吸收程度，分别镀上不同特性的增透膜，相互搭配起来，才能使镜头总和的透光率增加，又能使镜头对色光的透过率达到平衡。

滤光镜是装在照相机镜头前的一块光学玻璃，主要有两方面的作用：一方面，滤光镜可以改变画面的影调、色彩等美学效果，主要是一些有色的滤光镜可以使原本不太理想的画面效果得到一定质量上的提升，甚至使画面上的影调结构或色彩形成较大的改观；另一方面，由于在玻璃上进行了一些特殊的处理，被拍摄的画面会产生独特的变形等特殊效果，甚至被画面的结构形态彻底改变，创造出新颖别致的艺术魔力。

如果从滤光镜和镜头之间的固定方式分，滤光镜可以分为传统的圆形滤光镜和方形的高坚滤光镜，前者是旋在镜头上的，后者是插在镜头前的插座上的，在拍摄效果上区别不大，但后者更为方便，变化也多，逐渐成为滤光镜的发展趋势。

从制作材料上看，圆形滤光镜一般都采用光学玻璃为镜片，坚固耐用，而方形滤光镜通常采用光学树脂镜片，形式更为多样化。

常用的滤光镜主要有以下一些。

紫外线滤镜又称为 UV 镜，从表面上看是无色透明的，但是能有效地阻挡天空中的紫外线，提高照片的清晰度。尤其是拍摄开阔的远景、进行航空摄影、高山摄影时，大量肉眼看不见的紫外线存在，会导致黑白照片上的远景蒙上雾状，或者使彩色照片上也蒙上蓝色的灰雾，影响远景的成像清晰度。使用了紫外线滤镜后，画面就能消除和减弱这些雾状，提高清晰度和纠正偏色现象。

紫外线滤镜是无色透明的，不需要增加曝光量，将它一直装在镜头前面，同时能起到保护镜头免受污损的功效。当然，如果在拍摄时还要加上其他特殊效果的滤光镜，我们最好将紫外线滤镜取下，以免因为多块镜片的叠加后，产生不必要的影像质量下降现象。

天光镜，又称为 SK 滤镜，镜面略带微红色或橙红色，主要用于彩色摄影中，除了也能过滤部分紫外线外，还可以因为偏暖调的色彩更有效地消除远处景物、阳光下的阴影部分的偏蓝色调，使拍摄的照片更符合一般的视觉欣赏习惯，所以它比较适合于彩色摄影的使用。

UV 镜和天光镜最好选择著名的品牌，比如德国的 B＋W（价格非常贵）以及日本的 HOYA（保谷）或 Kenko（肯高），以保证拍摄的质量。同时建议购买多层镀膜的滤

传统快门线和电子快门线

光镜，增加光线的透光率。一般在滤光镜上会有UV（0）或MC的字样。新上市的数码摄影专用滤光镜可以有效减轻数码传感器的反光，也是不错的选择。

特殊效果滤光镜的种类很多，主要有以下一些。

偏光镜又称为偏振镜，是由极细的水晶玻璃组成的一种光栅，通过两只能转动的滤镜圈，阻挡与其不平行的光线，从而起到控制进入镜头的非平行反射光数量的作用。它的主要用途有：消除天空中的反射光，使黑白照片中的天空变暗，使彩色照片中的天空变得更蓝，突出了画面中的白云对比度；同时还可以使一些具有反光的景物色彩变得更为饱和，比如可以增强绿叶、山脉、远处景物的色彩饱和度，又不影响其他景物的色彩准确再现。

偏光镜还能消除或减弱非金属如玻璃、塑料、水面、油渍等表面的反光，使画面的色彩更为饱和，特别又适合拍摄橱窗内的景物，避免玻璃的反光对景物所造成的不利因素。

光芒镜又称为星光镜，无色透明状，是在光学玻璃上刻有一组或多组很细的线，使被拍摄的画面中明亮的点光源出现星状的闪光。光芒镜主要分为以下的一些种类；十字镜（CS），产生十字形的四条光芒线条，拍摄具有很小点状光源的物体如珠宝玉器，可产生钻石般的光芒，尤为理想；六星镜（雪花镜，S—6），产生如同雪花结构的六条光芒线条，效果强烈，一般用于强化日出、日落时的太阳效果；八星镜（米字镜，S—8），产生米字形的八条光芒线条，气氛更为浓烈，用来表现星光效果、路灯的光芒等较为理想；还有一种是可变星光镜，是由两片镜片组成，通过镜片的旋转，改变星光的夹角，产生可以变化角度的星光效果。

彩虹镜又称为光谱镜，也可以使画面中的点光源形成光芒效果，然而和一般光芒镜的区别在于，彩虹镜的光芒效果是七彩光谱排列的，比一般的光芒镜显得更为绚丽多彩。彩虹光芒的衍射效果也有多种样式，有的宽些，有的窄些，有的衍射出连续的色彩光芒，有的则产生断断续续的七彩效果，可以根据需要灵活选用。

色彩渐变镜主要分为单色渐变镜：镜片的上半部有颜色，由深至浅，到中间位置淡化消失，下部则完全无色透明。这些渐变的单色一般有红色、蓝色等多种。双色渐变镜：镜片的两个半圆有不同的色彩，最为常见的有"橙—绿""红—蓝""黄—紫"等；两端的颜色比较深，中间逐渐淡化并融合在一起。三色渐变镜：镜片呈现三种颜色，逐渐过渡，效果类似双色渐变镜。

柔光镜又称为朦胧镜，镜面无色透明但制作成特殊的肌理质感，其主要作用就是使画面产生一定的柔和效果，并能产生受人欢迎的光晕。柔光镜主要用于人像摄影中，既能柔化人物脸部的某些缺陷，又能使画面产生令人幻想的美感。柔光镜也常常用于风光摄影中，对大自然中过于清晰的影调结构起到柔化作用，以画意的柔美色彩形成独特的审美效果。

Tips

非球面镜头的工艺

目前主要有三种制造非球面镜片的方法：1.研磨非球面镜片，制造工艺成本相对较高；2.模压非球面镜片：制造工艺成本相对较低；3.复合非球面镜片：在研磨成球面的玻璃镜片表面上覆盖一层特殊的光学树脂，然后将光学树脂部分研磨成非球面。这种制造工艺的成本介于上述两种工艺之间。

延伸镜头功能的鱼眼附加镜

其他常用的附件还包括三脚架、快门线和镜头遮光罩等。

三脚架用来支撑照相机，在使用长焦距镜头拍摄，或是需要长时间的曝光时，使用三脚架可以保持拍摄时的平稳，获得高清晰度的画面。三脚架一般用金属或工程塑料制成，通过收缩拉长改变高度，利于携带。选购三脚架一是要保证结实，二是要考虑携带的方便，因此需要在两者之间平衡。锁定三脚架脚的方式有螺旋式和快速折叠锁定杆两种，前者耐用但调节速度慢，后者固定方便但容易磨损。

在购买三脚架时，三脚架的云台也是值得注意的。云台有两种主要模式，一种是球状啮合型，一种是平板倾斜型。尽管两者的优劣没有定论，但是从本质上说，球状啮合型具有连续无级平滑移动的优势，适合于跟踪拍摄移动的物体，而平板倾斜型云台更适合于大多数拍摄，并且可以准确定位。

单脚架和三脚架类似，但是仅有一条支架，在同样需要支撑的情况下，更适合于体育和野生动物摄影。单脚架在倾斜的过程中不会受到三脚架所带来的限制。

即便有了三脚架，如果直接按动快门，还会使照相机产生抖动。避免抖动的方法是使用快门线触发快门。这是一根间接按动照相机快门的软线。只要将快门线的螺丝端拧入快门按钮的螺丝孔中，就可以通过另一端控制快门。

快门线的作用主要有两个：一是在使用较慢的快门速度时，可以通过快门线间接按快门，防止因手指触动快门而产生的抖动；二是在使用照相机的B门时，通过快门线的锁定装置，可以使打开的B门一直开着，进行1秒钟以上的长时间的曝光；当曝光结束时，只要松开快线的锁定装置就可以了。

除了传统的快门线之外，数码相机大多使用遥控快门线，适合远距离遥控操作相机释放快门。

摄影时的杂光直接进入镜头（比如镜头直接面对阳光拍摄），会在镜头内部产生折射，降低画面的反差，有时还会在画面上留下光圈形状的痕迹。镜头遮光罩的作用主要就是为了防止这种杂光的影响。

一定要根据镜头焦距选用合适尺寸的遮光罩。遮光罩的尺寸太长，容易遮去拍摄画面的四个边角，反之则起不到良好的遮光效果。一些专业镜头使用的遮光罩还会根据变焦镜头视角的变化，同时改变遮挡范围。

遮光罩有两种：一种是橡皮做的，可以折叠，携带方便，但容易损坏；另一种是金属制造的，耐用，但体积大些；可以根据需要选用。

广角附加镜是专为小型数码相机设计的。这类数码相机使用的CCD（CMOS）尺寸都比较小，受到制造工艺的限制，镜头的变焦范围有限，尤其是在广角端的范围往往受到更多的限制，广角端常为35mm左右，难以容纳大范围的空间场景。因此广角附加镜则是拓展拍摄视角的选择。

名家案例之一：小相机也能出好作品

数码相机的出现，让无数人雀跃不已。即便是在数码相机诞生的初期，在我们今天看来很简陋的小型数码相机，也让摄影人看到了新的可能。2000年夏天，年仅23岁的纳塔查·梅里特（Natacha Merritt, 1977—）以她第一本书《数字化日记》以及在网络上的同步展出，在摄影界引起了巨大的反响。这是一本对她自己和她朋友之间生活状态的一次近距离观察的作品集，作品由于独特视角和对生命热情奔放的体验，成为亚马逊网络书店的最佳销售。梅里特在这本书中所有的作品都是使用全自动袖珍型数码相机——也是她唯一使用的照相机拍摄，她完成了一次充满力量感的体验。

眩光 (Flare)

眩光是指使拍摄的画面影像变淡、反差降低、清晰度下降的杂散光，往往发生在逆光照明的情况下。避免眩光的要点，就是尽可能避开进入镜头的直射光线，或者通过遮光罩等有效措施减少直射光对镜头成像的伤害。但在一些要营造特殊氛围的画面中，巧妙利用眩光也能达到事半功倍的效果。

Tips

分辨率与输出尺寸

比如有一幅长边为5英寸的图片，需要经过扫描后输出为10英寸长边的画面，输出的分辨率为300dpi，那么可以这样计算：（输出尺寸10×输出分辨率300）／原图尺寸5＝输入分辨率600。也就是说，扫描时只要设定为600ppi就可以满足要求。又比如扫描35毫米胶片，它的长边大约为1英寸，要想在分辨率为300dpi的打印机上打印出10英寸的照片，那么：10×300/1＝3000。也就是说，需要3000ppi的扫描分辨率才能满足要求。这也就是正如前面所说的胶片扫描仪一般需要2400ppi以上分辨率的道理。

第一章　拥有相机——数码摄影的硬件空间

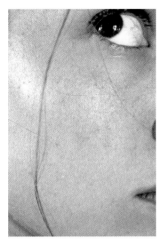

名家案例——梅里特作品 03　　　名家案例——梅里特作品 02　　　名家案例——梅里特作品 01

　　梅里特拍摄这些坦率的影像时，往往将照相机镜头对准自己时，同时将数码相机可以转动的液晶显示屏也转向自己，这样就可以由自己精确地控制所有的拍摄过程，从而使生活的细节以及性行为和摄影本身成为无法分割的一个整体。她在书中写道："我不会做一些不经过深思熟虑的事。当我还是一个小女孩的时候，我就有记日记的习惯。我的摄影就是我今天的日记。"

　　出生于旧金山的梅里特曾经计划学习法律。她的一些放在国际互联网上的照片被一位神物摄影家艾里克·克罗尔发现后，推荐给了出版社。

　　有趣的是，梅里特的作品只用数码相机完成，然而她声称对于最普通的摄影技术一无所知，她甚至在接受采访时承认说，她根本就不知道什么是光圈。她甚至不无揶揄地说："我不知道光圈的一级(f-stop)和公共汽车的一站(bus-stop)有什么区别。"这点也许和雪曼有点像，因为后者对照相器材和胶卷从来就不讲究。可是梅里特走得更远，因为雪曼至少还具备相当的摄影知识，只是她常常不屑一顾而已。但是梅里特深深懂得数码相机的潜在可能，并且比我们中许多人都更早地理解并掌握数码相机，从而得心应手记下自己的日记，同时利用数字化的方式在网络上传播。大部分图像清晰透明，仿佛证明她也可以创造安塞尔·亚当斯一样的"完美的照片"，只是她没有这样做罢了——就像是那些著名的艺术大师如杰克逊·波洛克或者是萨尔瓦多·达利对基本的技术不屑一顾一样。摄影家充满自信地说，你可以做的一切，我可以做得更好。她还说："我只是将所有的想法和感觉记录下来。一旦照相机在手上，我就停止写作，通过照片记录我的想法和感受。我的生活更多是由数码相机串联起来的，而不是用笔写下的思想。"

　　如今梅里特生活在纽约，她曾经构建了自己的个人网页，以 Flash 的动感方式展示自己的作品，让人们先尝试一下阅读的可能。网站的标题就叫"数码女孩"，亲切而性感：http://digitalgirly.com。

❓ 思考练习

1.根据数码相机的分类，请定义它们不同的使用范围和适合人群。

2.数码相机使用的镜头和传统相机镜头有什么相同点和不同之处？

3.在储存和输出环节，还有哪些数码摄影用到的设备和材料？

4.数码相机的有哪些专业附件，主要特征和功能是什么？

二、按下快门——数码摄影基本操作

数码摄影的拍摄过程，既有和传统摄影相似的方面，同时也有很多和传统摄影迥异的地方。比如对相机的设置、独特的白平衡调整、图像的回放及其处理等，都是我们应该注意的重点。此外，曝光、对焦等看上去相似的技巧，也有许多不同的掌握要点，因此也是值得关注的。

目的 —— 熟悉数码摄影的拍摄过程，了解它和传统摄影相似的方面，及很多和传统摄影迥异的地方。

重点 —— 相机的设置、独特的白平衡调整、图像的回放及其处理，包括曝光和对焦等，都是应该注意的重点。

课时 —— 8课时

1. 数码相机一次性设置

我们先来简单地了解一下数码摄影整个过程，以便对今后的拍摄和后期处理有一个直观的认识。

和一般的传统机械类相机不同的是，数码相机主要由精密而复杂的电子芯片控制各种拍摄操作，因此在拍摄之前我们需要对其中的控制程序进行一些设置，以方便随后的拍摄。这些设置主要分为两部分，其中一部分的设置一旦完成之后，一般不需要更改，或者只需要在必要时作一些调整；而另一些设置则需要在拍摄的过程中不断调整，以满足拍摄过程中的各种需求。

下面先来了解一些一次性设置的内容。

储存卡就像是传统照相机的胶卷，用来记录拍摄的图像。按照说明书的要求将储存卡推入插槽，关上插槽盖并且打开相机后，首先要检查储存卡现存的储存空间，也就是还能拍摄的图像数量。如果储存卡中有以前拍摄的但是已经不需要的图像，可以选择将其删除或格式化的操作，清空储存卡中的数据，以保证以后的拍摄记录。一些新的储存卡设置了写保护功能，将写保护滑块推到预定的位置，就可以保护储存卡中的数据，照相机无法对其写入数据或删除数据。因此，如果在拍摄中发现照相机无法写入或删除数据时，可以检查一下储存卡的写保护状态。

如果在频繁的拍摄之后，发现拍摄的速度变慢，或者数据写入出现一些障碍时，也应该对储存卡进行一次格式化的操作，以保证后面数据写入的顺利。注意：格式化将完全清除储存卡中的所有数据，操作前一定要谨慎小心。

数码相机的方便之处，就在于拍摄前可以在液晶显示屏上得知相关的拍摄状态，同时在拍摄之后，在浏览图像时，也可以在液晶显示屏上获悉图像的相关数据。比如在拍摄前可以选择无数据信息的显示、详细数据信息的显示，甚至可以在这一按钮上选择关闭液晶显示屏，通过光学取景器进行取景拍摄，以便节省液晶屏消耗的电力。又比如在拍后浏览图像时，你也可以做出标准信息、详细信息以及无信息的选择。这些设置可以根据个人的拍摄习惯决定，一次性完成，当然也可以在拍摄的过程中临时做出改变。

如果液晶显示屏上显示的数据过多，一方面可能会显得很拥挤，另外一方面也可能遮挡显示的部分画面——因为数码相机的液晶显示屏毕竟不像电视屏幕，没有那么大的显示空间。因此在设定上就可以让拍摄者决定是否需要显示数据，或者选择显示数据的简繁程度。

拍摄菜单		
1	测光	ESP
2	AF模式	点
3	聚焦模式	AF
4	随时聚焦	关
5	动体预测 AF	关
返回◆MENU		设定◆OK

菜单设置

将储存卡放入相机

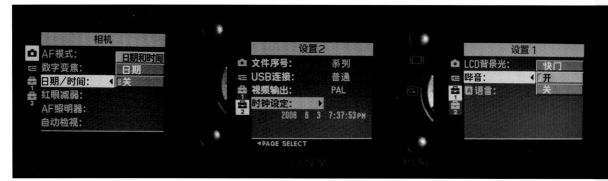

时间、时钟和声响等基本设置

为了节省电力，一些中高档的数码相机还可以设定液晶显示屏的数据回放时间以及拍摄后图像的回放时间。回放时间一般可以设定为3秒、5秒、10秒、一直显示以及不显示。也就是说，在打开相机之后，液晶屏上的数据显示会根据设定的要求显示一定时间后关闭，或者干脆不显示。同时，拍摄一张画面后，照相机也会在一定时间里显示拍摄的图像，或者也不显示。这些都可以根据拍摄的习惯事先设定完成。

拿到一台新的数码相机后，需要先对相机的日期和语言进行设置，按照说明书的规定将准确的日期和时间设定完毕，这样以后对图像数据的检索就非常方便。数码相机的内置电池会对日期和时间的设置加以保存，因此可以一劳永逸——除非内置的电池失效。

数码相机的语言设置非常简单，只要选择符合自己要求的语言菜单就可以了。在国内市场上出售的数码相机一般都有中文语言的设置菜单，只要确认就可以了。一些国外带入的数码相机可能会没有中文菜单，这样只能选择自己相对熟悉的语言菜单，或者让专业人员升级固件，加上相关的语言菜单。

为了给拍摄者以相关的提示，一般的数码相机在启动、操作、自拍以及按下快门等操作过程中，都会发出相应的提示声响。如果不需要这些声响，可以选择菜单中的"静音"设置，也就是将"静音"放在"开"的位置，就能取消所有的声响，避免影响周围的人群，也有利于抓拍。如果将"静音"放在"关"的位置，就能启动各种音响提示，并且还可以在一定音量的范围内逐个调整启动、操作、自拍以及按下快门的音量大小，可以有效确认拍摄与否。也有些照相机的设置为：打开声音，关闭声音。

每一个数码图像都有一个编号，以便区分和保存。数码相机设定了文件编号的重置功能，分为"开"和"关"。一旦选择"开"，每一次放入新的储存卡，照相机都会将编号设定为从1（比如001）开始，直到这张储存卡拍摄完成为止。但是一旦换上一张新的储存卡，照相机又会将编号重新设定为1，如此循环。如果对重置功能选择"关"，照相机就会记住储存卡最后一张图像的拍摄数据，一旦放入新的储存卡，照相机就会将记忆的下一个编号写入新的图像，一直延续下去，这样所有的图像编号都不可能重复，有利于电脑中的图像处理。同时拍摄者也可以由此计算这台

竖拍显示　　　　回放时旋转显示

不同的图像旋转显示

Tips

像素与成像质量

当然，成像质量不仅仅受制于像素，还包括CCD或CMOS的外形尺寸和制造质量，以及像素色深和相机的动态范围等多种因素，千万不要以偏概全。同时相机中的精度选择，也会在不同程度上影响图像的质量。不同的相机设置精度的方式不同，需要根据自己的相机进行实际拍摄后得出结论。

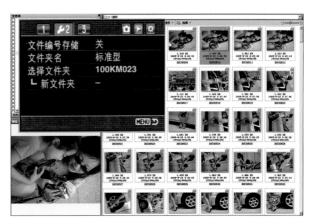

格式化可以在相机中完成

文件夹和文件名的设置

照相机的拍摄次数，也就是照相机快门按下的次数，了解快门的疲劳程度。

一些照相机还可以选择不同的文件夹编号形式。一般情况下，照相机会给每一张储存卡设定一个标准编号。如果需要的话，还可以给每一张储存卡的文件夹目录根据拍摄的日期决定一个编号，如后面的四位数字为"0612"，则说明这个文件夹中的图像拍摄于6月12日，这样有利于时间上的分类。

和电池相关的设置主要就是用于节省电力的关机时间，也就是一般的数码相机都具备的节电功能，它能够让照相机在停止操作以后的一段时间自动关闭照相机，以便节省电力。该设置可以设定为关闭节电功能，尽管消耗一定的电力，但是可以应付突发事件的拍摄，不必重新开机。而对于普通的拍摄者来说，可以开启节电功能，默认的设置大多为3分钟至5分钟之间，也就是当最后一次对照相机的操作完成后的3分钟或5分钟时，照相机会自动切断电源，关闭所有功能。一些相机在关闭前的某段时间（比如1分钟）时还会做出提示，提醒拍摄者是否需要关闭电源。如果不需要的话，只要对照相机做任何的简单操作，它又会恢复到先前的默认关闭设置时间。

一些中高档的数码相机配备了智能方向传感器，能够检测竖持相机拍摄的图像方向，并且在液晶显示屏观看图像时将图像自动旋转到正确的方向，便于对图像的快速浏览。需要这一功能的话可以将菜单设置到"开"的位置，每一张图像都会自动根据横竖构图自动显示。

横竖画面转换多显示方式也有不利的一面，因为照相机的液晶显示屏都是横画面，因此在显示竖构图时，图像的长边只能达到显示屏的短边长度，画面相对变小，不利于细节的观察。

所谓默认重置，就是将照相机设置重置为默认值。一旦当拍摄者对各种设置进行调整之后，如果发现这些调整并不完全符合拍摄的要求，或者搞不清楚在哪一个设置上出了问题，这时候就可以选择默认重置，将所有的设定恢复到照相机出厂时的默认设置，这样也许可以解决一些在设置上不易发现的问题。当然这样一来，以前的个性化设置全部消失，需要重新开始。

2. 拍摄时的经常性设置

在使用数码相机拍摄的过程中，由于需要针对不同的拍摄对象选择不同的拍摄方式，因此照相机的一些设

相机的超高感光度

置也就需要随之发生变化，以便更好地适应拍摄的要求。这些经常性的设置主要包括下面一些内容。

对于数码相机来说，感光度就是传感器对光线反应的敏感程度。感光度的数字越大，传感器的感光能力就越强。每档之间的感光度是倍率关系，也就是说数字大的一档感光能力是邻近数字小的一档的一倍，它们之间的关系正好和光圈与快门每一级的进光量关系相对应，具体的变化关系将在后面结合曝光进行论述。

不同 RAW 格式的选择

在数码相机中，我们平时使用最多的感光度为国际标准制的 100/21° 的感光度，在照相机的设置中往往以 100 的数字作为简化的标志。100 的感光度比较适中，为一般摄影题材最理想的选择。从不同的感光度特性来看，低速感光度在数码相机中一般只有 50 一档，拍摄的画面反差大，影调细腻，色彩艳丽，但在一般光照条件下拍摄时照相机容易抖动，更适合广告、静物等一些静止的物体的拍摄。中速感光度为 100 或者 200，能适应一般条件下的人像、风景等拍摄，适用范围最广。高感光度一般在 400 以上，最高的可以达到 6400 以上，但是随着感光度的提高，画面的噪点也随之增加，色彩变差，但是能提高快门速度，适合于拍摄高速运动的体育画面和在弱暗光照下手持照相机的拍摄。

数码相机默认的感光度，一般设定在 AUTO 档，默认为 ISO100 或 200，同时会随着光线的变化，自动作出适应性的调整。遗憾的是拍摄者往往无法确知照相机会在什么时候作出调整，难以把握。因此在需要的情况下，最好事先调节到合适的位置，以便拍摄到理想的画面。

数码照相机的图像储存主要分为三种格式：原生状态的 RAW、未经压缩的 TIFF 和经过压缩处理的 JPEG 格式。前两者信息保存完整，但是体积大，为专业摄影师所用。JPEG 格式根据压缩率不同，可以满足从专业摄影到业余拍摄等不同层次的需求，有最大的亲和力和弹性空间。

RAW 格式：数码相机感光成像后的原始图像数据，未经图像处理器运算处理，就像传统胶片摄影曝光后在胶片上形成的、未经显影处理的潜影，处于最为纯净的状态，可以发挥其最有效的功能，获得数据损失最小、阶调最丰富的影像。由于各品牌相机的影像传感器的差异，所以需要通过照相机制造商提供的专用图像处理软件来转换成通用的格式，兼容性较差，适合专业摄影师或具有相当后期图像调整能力的拍摄者使用。

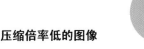

压缩倍率低的图像

压缩倍率高的图像

不同压缩倍率图像局部的比较

自拍的多种选择

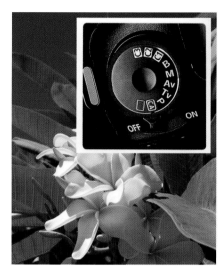

拨盘上 C 带头的三种自定义设置

TIFF 格式：非失真的可压缩格式（最高 2 ～ 3 倍的压缩比），文件扩展名为 TIF。它能保持原有图像的颜色及层次，也不会使图像细节有任何损失。这一格式的兼容性好，图像质量也不错，只是文件占用的空间较大，适合专业摄影师和要求较高的摄影发烧友使用。

JPEG 格式：有损压缩格式，文件扩展名为 JPG。其压缩比最大可为 40:1，占用的空间比较小，因此有较快的存取速度，兼容性好，被广泛运用。但是在压缩过程中所丢弃的原始图像的部分数据无法恢复，因此在压缩之前须三思而行。这一格式主要适合一般的拍摄使用，适应的层面比较广。

一些专业的数码相机还会提供一种混合选项，也就是可以同时拍摄 RAW 格式和 JPG 格式。一旦选择这一设置之后，按下快门照相机会同时保存两种格式的文件——原生状态的 RAW 格式和经过一定压缩的 JPG 格式，前者供后期的处理用于要求较高的场合，后者让拍摄者作为文件的浏览和检索使用。由于两者的文件名一一对应，后者的文件小，打开和浏览的速度很快，因此起到了互补的作用。

在开始拍摄时，同时要考虑的一个重要问题，就是这些拍摄的图像用于什么样的场合，这些场合所需要的图像分辨率应该设置成什么样的精度。因为数码相机是依靠储存卡记录拍摄的图像文件的，任何储存卡的储存空间都是有限的，如果不根据需要选择图像文件的精度，都是使用最大精度的文件，那么储存空间的利用就会受到很大的限制。同时，如果选择最大精度的图像文件，对于一些中低档的数码相机来说，还存在一个图像保存速度的问题。拍摄的图像精度越高，文件越大，那么每一个文件的保存时间就相对长，这样也就影响了连续拍摄速度。

一般的中档数码相机上都提供了两种控制图像文件大小的方式：一种是图像的分辨率，照相机会给出三到四级的选择，用两个相乘的数字标出，相乘的结果就是像素的分辨率大小；另外一种就是文件精度的选择，也会给出三到四级的选择，如极精细、精细、中等、一般等。这样将两者结合使用，可以获得多样化的组合空间。但是要注意的是，图像分辨率和精度的选择只限定于 JPG 格式，RAW 和 TIF 格式的文件只能以默认的模式保存。

一些数码相机支持 AdobeRGB 和 sRGB 两种色彩空间。从原理上说，RGB 色彩空间的色域范围要比 sRGB 色彩空间的色域范围大，但是在选择上还有一个匹配问题。如果数码相机拍摄的作品可能用于制版印刷和进行高精度的制作和输出，建议使用 AdobeRGB，可以获得尽可能丰富的色彩信息，后期创作的自由度比较大。而 sRGB 是 Windows 系统默认的色彩空间，如果数码作品主要用于屏幕显示欣赏、小型照片打印机输出、数码彩扩输出和网上共享，建议使用 sRGB 色彩空间，更适合各种环境的兼容。这些用途的使用即使选择更大的色彩空间，未必带来更好的视觉效果，反而会给不同用途下的色彩一致性带来麻烦。这两种设置可以根据拍摄的要求随时变更，灵活调整。

数码相机的驱动模式，主要指单张或多张连续拍摄的选择，包括自拍模式的设定。数码相机的默认选择都是单张的拍摄模式，按下快门后只拍摄一张画面。如果改用连续拍摄模式，按下快门后不释放快门按钮，照相机就会连续拍摄一系列的画面，适合于面对连续变化的场景以获得满意的图像。连续拍摄的速度和张数主要取决于拍摄图像的分辨率、数码相机的储存能力和储存空间的大小。一般的专业数码单反相机在最高分辨率下的连续拍摄画面为每秒钟 3 幅以上，可以连续拍摄 9 幅以上。

驱动模式中的自拍，主要用于包括自我肖像的拍摄和包括拍摄者在内的集体肖像的拍摄，同时也可以用于一些特殊的场合，比如避免手按相机快门所产生的抖动。前者一般设定在 10 秒左右，后者的选择为 2 秒。一些相机还可以根据需要自己设定自拍快门释放的时间。按下快门后，照相机就会根据设定的时间范围内自动释放快门。

为了方便拍摄者，数码相机提供了越来越多的操作功能，尤其是为了迎合专业摄影师的需求，这些操作功能的设置多得让人眼花缭乱，因此也带来了一些不利的因素——让拍摄者无所适从，或者需要花费大量的时间选择所需要的设置，结果反而使这些功能的使用变得繁琐，甚至影响了人们使用的兴趣。因此，善解人意的照相机制造商在一些高档的专业数码相机上创建了一些用户自定义功能，让拍摄者自己配置需要的程序，然后保存在照相机的设定中，需要时通过一个按键或者一次菜单的选择，就能调出该设定，从而大大方便了拍摄，也使整个拍摄过程变得更为人性化。

进行自定义功能设置之前，照相机已经给出了一个自定义菜单的默认设置，也就是将最常用的设置功能组合在一起，作为一个起点，让拍摄者在此基础上进行人性化的调整。在大部分高档数码相机上，制造商给出了大约 3 个自定义功能的保存空间，使用者对不同的拍摄需求进行个性化的定义之后，可以分别保存在这 3 个空间，需要时就可以迅速调出使用，很有实战价值。当然，这些自定义的设置还可以根据拍摄的实践过程进行不断修改，直到成熟为止。

3. 白平衡设置

白平衡是数码摄影中重要的控制内容，对图像色彩的还原具有非常重要的意义，因此在拍摄之前必须做出合适的选择。

为了理解白平衡的作用，我们先来看看色温的概念，包括色温变化与色彩还原之间的关系，这样才能对白平衡的设定胸有成竹。

色温是用开尔文度数（K）定量测量摄影光源色质的一种量度。色温的度数越高，光源的色质就越偏蓝（或更偏冷色调）；色温的度数越低，光源的色质就越偏红黄（或更偏暖色调）。由于人眼能自动调整色温变化所造成的某种偏色，而数码相机的传感器却不具备这样的功能，因此需要人为地进行设定和调整。传统相机在拍摄时通过适合阳光下拍摄的日光型胶卷和适合灯光下拍摄的灯光型胶卷来调整，一种彩色片只能在特定的色温条件下，才会将被摄景物的色彩正确还原出来，其适应的范围和精度有限。

常见光源色温

图形化的色温设置显示

	蜡烛光	1850K
	煤油灯	1900K
	普通家用灯泡	2500~2800K
人造光源	乳白色摄影用钨丝灯	3200K
	500 瓦摄影用强光灯	3400K
	万次电子闪光灯	5300~6000K
	碳精灯、探照灯	5000~6000K
	日出时的阳光	1850K
日光光源	日出半小时后的阳光	2300K
	日出一小时后的阳光	3500K

白平衡的错位使用

正确使用白平衡,可以帮助我们在第一时间获得较为准确的色彩。但是如果有意将白平衡错位使用,也能产生意想不到的创意色彩。比如在阳光下使用阴天白平衡,或者在室内灯光下使用阳光白平衡……有兴趣的不妨可以试试!

日光光源	正午直射阳光	5300~5500K
	傍晚时刻的阳光	2000~3000K
	阴天中午散射光	6800K
	一般蓝色的天空	13000K
	深蓝色的天空	19000~25000K

三种白平衡对比效果

数码相机的白平衡就是以白光为标准的色彩平衡依据。就像传统的照相机使用者选择适合不同色温的胶卷一样,为了获得准确的色彩效果,需要在数码相机拍摄之前选择合适的白平衡。最基本的方式是选用照相机本身的自动白色平衡设置,拍摄时完全依赖照相机对现场色温的判断,自动决定白平衡的处理方式,获得相对理想的色彩还原效果。自动白平衡使用方便但不是很精确,只能应付要求不高的拍摄需要。

除了自动白平衡之外,白平衡的设置还包括以下几种。

预设白平衡:数码相机中预先设定的白平衡状态,供选择使用,主要有晴天、多云、阴天、白炽灯、日光灯、闪光灯等不同场景,大多以傻瓜式的图像符号标出,初学者也极易上手。

手动测定白平衡:用于色温复杂且难以判断的场合,按下指定的按钮对现场光线测定数秒钟之后,照相机就会记录现场的色温,获得精确的色彩平衡效果。但是测定过程较为繁琐,比如需要面对一些白色的物体(如一张白纸)测定,也比较花时间。

手动设定白平衡:数码相机中可以逐级调整的白平衡数据,一般为100开尔文色温数据逐级递增或递减,为专业摄影师的苛刻要求而设计。前提是需要价格昂贵的色温表事先测定现场的光线色温,或者参照前面的色温表,因为普通人的肉眼是无法判断色温的。

4. 光圈与快门

在使用数码相机拍摄时,要想得到正确的曝光量,主要是从照相机的光圈和快门这两个结构入手。

照相机中的光圈就是进光孔,它的大小可以手动自由调节,或是由照相机内的电子系统进行调整,以便获得不同的进光量。它的作用类似于水龙头对水的控制,进光孔的大小直接影响进光量。

光圈的大小是由一系列的 f/ 系数来表示的。照相机上最常见的 f/ 系数的排列方式是:1.4、2、2.8、4、5.6、8、11、16、22、32、45、64 等。一架照相机一般只有其中连续的 7~10 档光圈,比如从 f/2 至 f/16。小型数码相机由于传感器比较小的原因,往往最小的光圈不能做得很小,一般在 f/8 左右。

光圈系数的含义主要有以下几方面:一是 f/ 后面的数字越小,表示光圈开得越大,进光量越多,反之数字越大,表示光圈越小,进光量也越少;二是光圈系数每相邻一级,

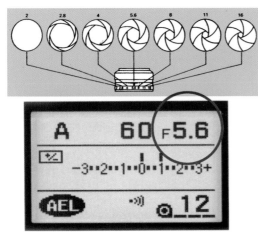

光圈大小示意图

它们的进光量就相差一倍或是一半。比如 f/2 的进光量就比 f/2.8 多一倍，也就是 f/2.8 的进光量比 f/2 少一半，依此类推。现代数码相机为了提高曝光的精确度，将光圈作了细分，也就是在传统的一档光圈之间再分出一到两档，它的进光量也介于两档光圈之间。

当需要增加曝光量时，应该将照相机上的数字调向小的位置，反之就向数字大的位置上调。

数码相机上的快门速度标记最常见的有: 1、2、4、8、15、30、60、125、250、500、1000 等。这些数字实际上是表示快门速度的倒数秒。也就是当你将快门拨到 4 时，意味着它的曝光时间为较长的 1/4 秒; 拨到 1000 时，表示曝光时间是非常短的 1/1000 秒。

快门数字与光圈一样，照相机上的数字越大，进光量就越少，反之就越多。和光圈一样，快门每相邻一档，它们的进光量也相差一倍或一半。同时，为了提高曝光的精度，在传统的两档快门之间，也增加设计了一到两档快门，使用时应该加以注意。

照相机的快门速度还有一档 B 门标记，它可以根据拍摄的要求对景物进行更长时间的曝光。当按下 B 门不松手时，快门是一直开启的，直到松手才会关闭。此外在一些照相机上还设有 T 门装置: 按下 T 门后，曝光开始，再按一下 T 门，曝光结束，也是为长时间曝光所设计的。

由于光圈和快门之间每一级都是进光量的倍率关系，所以在它们的组合中，有许多的组合的进光量是相同的。比如 f/5.6 和 1/250 秒的组合等同于 f/8 和 1/125 的组合，同样也和 f/16 与 1/60 秒的组合相等，依此类推。我们将这样一种进光量不变、组合关系可以相互发生变化的规律称之为互易律（又称倒易律）。

尽管数码相机上的光圈和快门可以在每一档之间进行更为细微的调整，但是理解并掌握以上的互易律，对于控制曝光是一个重要的基础。

由于光圈和快门都是以进光量的倍率构成的，因此光圈和快门可以组合在一起使用，构成不同的搭配方案。照相机上的每一档光圈和快门都可以组合使用，可以构成许多种组合方式。

光圈与快门的互易律关系

Tips

直方图与向左曝光

为了避免数码相机曝光过度导致高光部分溢出，失去应有的层次，一般建议直方图的向左曝光，也就是尽可能让直方图向左靠，让暗部损失一些细节，保证高光的层次。

5. 测光模式选择

测光对于照片的拍摄来说是非常重要的，要想让一张照片曝光合适，应该以有针对性的测光模式为前提。不管是手动的测光还是自动曝光时照相机所选择的测光模式，都是可以由拍摄者来决定的，因此了解一些测光的概念是照片成功的基础之一。

数码相机的测光主要是通过机内测光系统来完成的，针对不同层次和不同需要，主要的测光方式有: 重点测光、平

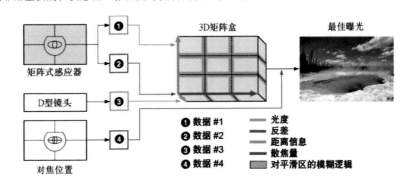

先进的三维矩阵测光

均测光、点测光、评估测光等。

重点测光时，测光体只对画面的某一小范围进行测量，这一范围一般在画面的中央或底部，同时兼顾其他部分的亮度。重点测光最宜于主体与背景光量差别很大或主体十分突出的场合。这一测光方式主要出现在一些中档的数码相机上。

平均测光时，测光体对整个画面的亮度进行测算，因此适用于景物各部分光强较为一致的场合，如顺光下的景物、阴天的拍摄等，但遇光差大时容易出现偏差，应移近被摄体测光。这一测光方式主要用于中低档的数码相机上。

测量画面中央极小部分的方式叫点测光，这种测光适合于对画面中面积不大的被摄主体进行精确的测光，如高光点等。这样一种专业的测光方式，以往只用在高档照相机上，如今中档的数码相机也往往设置了这一测光模式。

评估测光是各种测光方式中适用性较强，准确率较高的，多用于对付拍摄环境中光线复杂、变化不定等实际情况。它的原理是将相机画面划分成多个测光区，将各区的测光结果进行比较、综合、平均并得出综合曝光值。因此，大部分的中高档数码相机将这一测光方式作为首选的测光方式。

中高档数码相机考虑到各种测光方式的利弊，在相机里设置几种测光方式供随意选择。而普通数码相机一般只有一两种测光形式。在拍摄之前，究竟使用哪一种测光方式需要根据个人的拍摄习惯和拍摄的题材和对象而定。就拍摄题材和对象而言，如果被拍摄的景物光线分布比较均匀，没有太大的反差对比，这几种测光模式所获得的结果相差不是很大。如果被摄景物光线对比比较特殊，则需要根据实际情况选择评估测光或使用点测光，以便获得更为准确的曝光效果。值得注意的是，点测光的选择应该慎重，选用时需要相当的专业知识，在对光线的判断十分有把握的情况下才可以使用，不然很容易适得其反，影响曝光的准确性。

许多数码相机中还设有一个数据库，存有成千上万张真实拍摄的照片的数据分析资料，相机进行测光后会将曝光参数和数据资料进行对比，作出更为精确的曝光选择。但是即便是最先进的测光系统，也无法容纳大千世界的所有光线可能，因此还是需要拍摄者以人为的方式随时校正曝光偏差。

和测光相关的直方图，是数码相机所特有的功能，有助于对测光的准确性作出判断，弥补各种测光功能的不足，帮助获得更为准确曝光的画面。

直方图主要表示图像中具有每种灰度级的像素的个数，同时反映图像中每种灰度出现的频率。中高档的数码相机上都可以调出这一功能，以判断照片的曝光是否准确，景物的明暗是否超出了相机的感光范围等。一旦完成一张图片的拍摄，如果想知道画面的曝光是否有偏差，是否符合预想中的要求，可以在浏览的画面中直接调出直方图功能，在第一时间作出判断。通过直方图的阅读，拍摄者可以决定曝光的调整空间，以便在可能的条件下重新拍摄，完成更为准确或更符合要求的曝光画面。

直方图的曝光阅读：

曝光准确：直方图的亮度分布在最暗和最亮之间，左端（最暗处）和右端（最亮处）都无溢出，说明暗部和亮部都没有损失层次和细节。

曝光过度：直方图的右端（最亮处）有溢出，亮部层次细节损失严重。左端（最暗处）无像素，缺少黑色。

曝光不足：直方图的左端（最暗处）有溢出，暗部层次细节损失严重。右端（最亮处）无像素，亮度不足。

直方图的反差阅读：

低反差：直方图中的影调过于集中分布在中间，左端（最

曝光不足、曝光过度和曝光正常的直方图

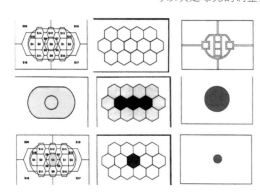

三种测光模式的分布

暗处）和右端（最亮处）都缺像素，暗部和亮部都
没有层次和细节。

　　高反差：直方图中的影调超出两端，左端（最
暗处）和右端（最亮处）都产生溢出，暗部和亮部
都没有层次和细节。

　　还有高低调的直方图：

　　如果是面对大面积白色或浅淡颜色的画面，一
般需要在测光的基础上增加一些曝光，以便获得比
较明快的高调画面。这时候从直方图上所看到的是
像素大面积集中在右端（最亮处），并且会有溢出，而左端（最暗处）则像素不足。
这时候不能盲目认为曝光过度，而应该谨慎处理。相反，对于低调来说正好相反，直
方图的像素集中在左端甚至大量溢出，也是相同的道理。

　　学会阅读直方图并且灵活调整测光和曝光，是掌握数码相机非常重要的一环，
千万不可轻视。

黑白和彩色的直方图

6. 曝光方式选择

　　在曝光方式的选择上，中低档的数码相机往往设置了一些自动或半自动的曝光模
式，只有中高档的数码相机才会设置手动的曝光方式。从某种意义上说，自动的或半
自动的曝光功能，使光圈和快门的使用变得更为灵活多变，也使拍摄速度大为加快。
但是这些自动或半自动的曝光方式由于"剥夺"了拍摄者的全部或部分控制权利，因
此使用时也应该有所权衡，根据拍摄的对象和内容灵活变化，不要一味相信和完全依
赖照相机的全自动或半自动的操作。

　　曝光控制模式主要有光圈优先式（光圈先决）、速度优先式（快门先决）以及程
序曝光方式三种。

　　光圈优先式曝光：光圈可以由拍摄者自由调节，当光圈被选定之后，照相机中的
电子程序会根据测光的结果自动选定合适的快门速度，获得较为准确的曝光。这种曝
光方式将光圈选择的主动权交给了拍摄者，使后面将讲到的景深控制变得非常方便。

　　速度优先式曝光：快门可以由拍摄者自由调节，当快门被选定之后，照相机中
的电子程序会根据测光的结果自动选定大小合适的光圈，获得较为准确的曝光。这种
曝光方式将快门选择的主动权交给了拍摄者，适合拍
摄体育运动和一些需要先决定画面清晰程度的拍摄要
求。数码单反相机此时只能使用专门的指定镜头，使
光圈与机身形成配合。一体化的小型数码相机则不受
限制。

　　程序曝光：程序曝光是指照相机的光圈和快门速
度均为自动调节的模式。照相机在制造时就编定了一
套程序曝光的组合数据，并根据不同的照相机有不同
的程序编定方式。有的照相机有两套或多套不同类型
的程序，供拍摄者灵活选用。这样既保留了全自动的
特点，又使拍摄者对光圈、快门有一定的选择权。

　　程序曝光还包括自编程序，可以由拍摄者在拍摄
以前根据需要将所需要的曝光的程序输入照相机，使

光圈优先和快门优先

程序快门的设置

包围曝光的对比

拍摄时既获得自动曝光的功能，又使针对性更强，主要适应于专业的摄影者。

应该注意的是，不管使用哪一种曝光程序，不能对其曝光的准确性有太多的依赖。因为光线分布的复杂性，远远超出了曝光程序所能预测的范围。同时，我们也可以灵活运用照相机的曝光补偿和曝光锁定功能，获得更为理想的曝光结果。

曝光补偿是对相机自动测光的标准曝光值进行人为的增加或减少的装置，通常有1/3级的调整余地，有利于专业摄影者在获得半自动曝光或全自动曝光模式快捷优势的同时，得到更精确曝光。曝光补偿可以遵循以下一些原则：面对特殊颜色的"白加黑减"，以及面对不同背景的"亮增暗减"。前者是指在拍摄时遇到大面积黑色的或者深色物体时，需要减少曝光量才能获得准确的色彩还原；反之遇到大面积白色或浅淡颜色的物体时，需要增加曝光量才能获得准确的色彩还原。后者是指面对大面积明亮的背景前的景物，需要增加曝光量；反之面对大面积深暗色背景前的景物，需要减少曝光量。

曝光锁定是自动曝光过程中用于锁定曝光值的功能，可以通过对画面局部测光（红线所指之处）并获得精确的曝光值后完成最后的拍摄。初学者需要经过一段熟悉时间后才能运用自如，因为一开始往往无法判断画面中的哪一个局部光线是锁定的标准，结果反而得不偿失。

如果面对一些重要的同时又是稍纵即逝的精彩画面，为了避免曝光的失误，还可以选择一些中高档数码相机上的包围曝光模式——一种特殊的连续拍摄的驱动模式。"包围曝光法"又称"梯级曝光法"，从原理上看，是为了保证拍摄时曝光量的准确，在面对同一拍摄对象时，根据测光的标准曝光量拍摄一张，然后再分别增加和减少曝光量进行拍摄。

比如先用 f/5.6 与 1/60 秒的组合，拍完后再用 f/4 与 1/60 秒和 f/8 与 1/60 秒的组合各拍一张，甚至还可以是每隔半挡光圈拍摄五张一组，这样尽管多费了一些储存空间，但可以做到万无一失，对于一些重要场景的拍摄还是非常值得的。

数码相机中的包围曝光装置，经过简单设定后，按下快门，照相机就会自动完成一连串的包围曝光画面，更为快捷便利。它不仅可以设定拍摄的张数，还可以设定每一张之间曝光量的差异，设定前请根据照相机的说明书操作。

7. 对焦方式选择

如果想拍摄出清晰的照片，照相机的对焦方式也是需要熟悉的重点之一。对焦又称调焦，就是将镜头的焦点调到想表现的主体上，让它获得清晰的成像效果。

比较专业的数码相机一般都有两种对焦方式：手动对焦和自动对焦。

照相机的手动对焦方式主要有四种。第一种是"双影重合式"，又称"重影式"。这是简易的平视取景照相机最常用的对焦方式，也是一些专业的平视取景数码相机如徕卡M型数码相机的对焦方式之一，为了适应使用者对传统相机的使用习惯而设计的。另外三种对焦方式是裂像棱镜式、微型角锥式和全屏幕取景，这三种调焦方式常常出现在同一架照相机上，特别是一些性能较好的单镜头反光数码照相机中。拍摄时可以根据不同的景物特点，灵活选用不同的调焦方式，以取得最好的效果。

超声波自动对焦的拍摄

双影重合对焦：在取景框中央有一小的长方形，颜色是黄色或蓝灰色的，被拍摄的物体出现在长方形位置时，会出现一个淡淡的虚的形象。此时调节调焦环，长方形中的景物虚影会与取景框中的实影重合，表示调焦准确。如果出现一虚一实的两个影像，就表明调焦不准。

裂像棱镜对焦：以取景框的中央小圆的横线或是斜线为分隔判断的对焦。微型角锥对焦：小圆外面稍大一些的圆环，以其中的微棱镜是否闪光为对焦判断。全屏幕对焦：两个圆以外的取景屏范围，凭直觉判断焦点是否清晰。

随着自动对焦技术的诞生和不断完善，如今大部分数码相机上都已经采用了自动对焦装置，红外线或超声波等多种先进技术，使通常令人感到烦恼的对焦技术变得轻而易举。

从原理上说，不管是哪种类型的自动对焦，总是以某对焦点为基准进行测距对焦的。只有一个对焦点的照相机，自然而然地把对焦点安排在画面的正中，在取景器里用圆圈、方格、括弧等表示，对焦时必须先用对焦点瞄准被摄主体，按下快门后就会使这一主体获得清晰的影像。有的相机采用了多点自动对焦技术，拍摄者可以任选多点中的某一点进行对焦，或者由相机里的微电脑自行判断画面主体的重要性程度进行对焦。

多点自动对焦在应付被摄主体不在画面中央时将更准确的对焦反应。摄影师可以轻松地选择右面的焦点完成对人物的聚焦。在一些高档的数码单反相机上，拍摄者可以选择多达九点的对焦区域，在照相机的后背拨盘上（一般位于大拇指可以轻松控制的区域）设定了九个方向键，通过手指触发任何一个对焦点，选择所需要的对焦对象。

对于那些仅有单点自动对焦而又不想让被摄主体居于画面中央的情况，拍摄者可以用自动对焦锁或自动对焦锁定的功能进行对焦结果的修正。比如现要拍这么一张照片，画面上有两个人，一个站在左边，一个站在右边，这时对焦点肯定会按画面中心聚焦，

Tips

广角附加镜

广角附加镜是数码相机的附件之一，因为数码相机使用的CCD（CMOS）尺寸都比较小，受到制造工艺的限制，镜头的变焦范围有限，尤其是在广角端的范围受到更多的限制，常常只能达到35毫米左右，难以容纳大范围的空间场景，因此广角附加镜是拓展拍摄视角的最佳选择。广角镜的倍率分为×0.5、×0.7等等，数值愈小表示视角角度愈广，但是过于宽广会造成画面变形，这一点在选购时要特别注意。

所选用了的对焦区域在对焦屏上加上叠影，叠影的虚实会按照现场先的将特画作出自动调节。

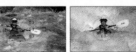
动态AF：跟踪主体移动广阔选用的对焦区域，对焦区域会进行自动编码的背景点保特对策了快。

动体预测对焦示意图

智能的陷阱式对焦

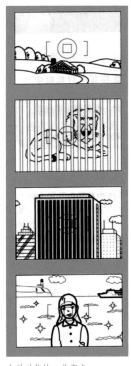

自动对焦的一些盲点

使中间远处的景物清晰，而需要清晰的人物却变得模糊。又如在竖构图拍摄时，人物在画面下部，背景是遥远的山峰，取景器中央的对焦点照例将焦点对在背景上，结果前面的人却被拍虚了。在类似这样的情况下，正确的操作是：先用对焦点瞄准人，半按快门钮，将此对焦结果锁定下来然后再按构图要求拍摄。

有的相机设有专门的自动对焦锁，使用起来更方便，更少副作用（使用对焦锁定法有时候会影响曝光的准确性）。

在自动对焦系统中，连续对焦是不停地追随动体对焦，可以随时按下快门获得动体的清晰影像。动体预测对焦是照相机能够根据动体运动的规律和速度，预测按下快门时目标将到达的位置，并按此位置聚焦。陷阱式对焦是预先对某一距离调准焦距，当目标到达这一距离时，快门会自动释放。在面对复杂的运动对象，应该根据动体的运动方式和运动速度，合理选择这三种对焦方式，使拍摄成功的把握大大增加。

现代自动对焦系统的工作方式除了单次自动对焦外，还包括连续对焦、动体预测对焦以及陷阱式对焦等多种。

自动对焦也不是在任何情况下都能如愿以偿的，遇上一些特殊的景物，如明暗反差极弱的被摄体、强烈反光的物体、倾斜的光滑面等等，自动对焦都可能变得无所适从。在自动对焦的照相机上一般都有一个绿色的小灯或其他标志，当自动对焦无法进行时，照相机就会通过绿灯或标志提醒拍摄者重新构图。如在构图中无法避开，可找一个相同距离的对照物，利用自动对焦锁定装置"记住"这一距离，再回到需要的构图画面拍摄，也能较为准确地完成自动对焦的目的。

拍摄前一定要先通过说明书了解自己的照相机在哪种情况下会产生对焦失误，然后尽可能避开拍摄这些物体。

8. 场景模式

场景模式就是数码照相机中完全数字化的预先设定的拍摄程序，它从传统相机的场景模式改造而来，具有针对各种拍摄题材所设置的自动功能，适合初学者使用。

人像程序：自动化的人像拍摄程序，又称肖像程序、人像模式。特点是根据人像摄影的基本特征，照相机自动设定好光

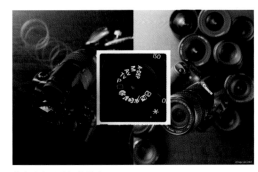

转盘上常见的场景模式

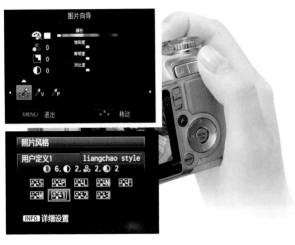

丰富的自定义模式

兼顾弱光的夜景拍摄模式

圈、对焦和画面比例等程序，包括大光圈虚化背景、对皮肤色彩进行优化、降低锐度使皮肤更为光滑等。

　　风景程序：自动化的风景拍摄程序。由照相机自动确定拍摄风景所需要的摄影条件，包括测光、对焦、景深范围等，拍摄出清晰度范围较大的照片，同时还优化了色彩，增加了画面色彩的饱和度，使天色更蓝，草地更绿。

　　运动程序：自动化的运动拍摄程序，以较大的快圈和较快的快门速度为前提，配合连续自动对焦和连续拍摄，尽可能将动态被摄体清晰地凝固下来，便于让初学者也能捕捉到高速动感的清晰瞬间。有的数码相机标定为"儿童和宠物"程序，用于拍摄四处移动的儿童和宠物，其实就是运动拍摄模式。

　　夜景程序：自动化拍摄夜间景物的模式。主要为夜景中拍摄人物纪念照所设置，同时可以平衡闪光灯对人物曝光以及慢速快门对景物曝光的需求。注意使用时要用三脚架等稳定照相机，以免快门速度放慢后手持相机不稳定造成画面虚化——或者也可以有意形成虚化的动感。

　　电视程序：自动化的电视拍摄程序，主要是将快门速度自动设置到 1/25 秒或 1/30 秒，以适应电视或电脑图像电子束的扫描规律，并自动关闭闪光灯，从而较好地完成电视或电脑屏幕的拍摄。

　　雪景和海滩程序：雪景程序适合拍摄雪景以及雪景中的人物纪念照，以保证雪景的曝光充足，不会产生灰蓝色的曝光不足现象，同时也不会让雪景中的人物偏暗。其实这是一种增加曝光的补偿模式。

　　使用海滩程序在拍摄时不会使强烈阳光反射下水边或沙滩上的人物偏暗，原理和上面的雪景程序一样。

　　焰火程序：适合拍摄空中绽放的焰火，以最佳的曝光清晰度记录空中燃放的焰火。程序的设定既保证有较长的曝光时间记录焰火的绽放过程，同时还通过较小的光圈避免夜色中曝光过度。

　　辅助拼接程序：可以通过多幅连续的画面拍摄多张部分重叠的照片，然后在计算机上进行合并拼接，创造一幅全景式的宽画幅图像。这时候照相机的辅助软件会提供相应的程序，以智能化的方式方便后期的自然拼接。

　　我的色彩程序：一些中高档的数码相机会事先设定多种不同色彩的模式，便于快速完成不同色调的画面拍摄。这些程序往往包括这样一些选择：正片效果，强化色彩的鲜艳程度，类似于传统反转片（正片）的拍摄效果；淡化肤色，淡化人物的肤色，适合于女性肤色的表现；加深肤色，加深人物的肤色，犹如阳光晒黑的肤色效果；黑

第二章　按下快门——数码摄影基本操作

Tips

数码相机增距镜

　　专为小型数码相机设计的增距镜，是为延长焦距而设计的。通过专用的接环装在相机的镜头前面，就能有效地延长焦距，既经济又方便。购买增距镜，有两个参数最为重要：一个是口径，另一个是倍率。

33

白效果，将自然的色彩转换为黑白模式，甚至产生一种怀旧的单色调色彩感。此外拍摄者还可以自定义各种不同风格的色彩效果。

9. 图像回放及处理

　　相对传统摄影方式来说，数码摄影的最大便利，就是可以在第一时间看到拍摄的图像。尽管缺少了传统摄影所具有的那一份悬念，但是它可以迅速判断图像的优劣，从而决定是否需要保存以及是否需要重拍，这一切因为可以在液晶显示屏上进行回放操作。为了为图像的浏览和删除提供一定的方便，数码相机往往提供了多种图像的回放方式，包括浏览、删除以及锁定等。

　　将数码照相机的开关设定在查看（PLAY）档或者按下特殊的回放显示按钮，这时彩色液晶屏幕上显示的是拍摄的最后一张照片。要浏览照片只要按动方向钮就能按拍摄的先后进行观看。图像回放还可以对某些格式的文件进行放大，由于 RAW 格式的文件保存的是图像的原始数据，因此在数码相机上是无法放大浏览的。

　　图像的回放除了单幅画面的浏览，也可以一次预览多幅画面。只要按下相应的按钮，就可以一次显示多幅画面，比如 4 幅、9 幅、16 幅等，从而进行对照选择。

　　图像回放还可以在液晶显示屏上对拍摄的图像进行放大，以便仔细检查图像的质量。放大的倍数取决于相机功能和图像的质量，并且可以局部移动图像对不同位置的细节进行浏览。

　　数码相机最大的优势，就是可以在第一时间对不满意的照片进行删除，以节约内存容量。删除方式有单幅删除、选择删除和全部删除等多种选择。如果是显示一幅图像，可以按下删除按钮，直接将这幅图像删除。注意：删除后就无法恢复了。如果是浏览多幅图像时，可以根据操作选择选中其中的某几幅图像，然后一次性删除。当然也可以选择全部删除，一次性将储存卡内的图像全部删除。

　　至于图像的锁定功能，就是保护重要图像不被意外删除的功能。将需要保留的照片进行锁定设置后，就可以安全地保留在储存卡上。这是数码相机提供给"马大哈"摄影师的一剂定心丸，也是提供给专业摄影师谨慎操作的妙方。当然这些图像始终占据了储存卡的空间。

　　一般情况下，对于图像优劣的判断需要谨慎，因为数码相机上再大的液晶显示屏面积也还是有限的，往往容易造成误判——将好的图像误删除。因此只要储存空间比较大，建议还是将照片保留下来回到电脑上仔细分析。

数
码
摄
影
通
用
技
法

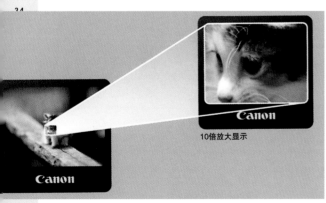

10倍放大显示

放大回放对细节的确认

丰富直观的放大回放功能

在使用数码相机拍摄的过程中，千万不要养成拍摄一张就回放一张浏览的习惯，这样很容易错失现场的精彩瞬间。数码摄影的便利往往会养成一些不良的拍摄习惯，这也是其中一种。

名家案例之二：麦克纳利谈曝光

拍摄一张照片也许很简单，除了按下快门之外，还有就是构图以及曝光。也许在这样的过程中，曝光具有举足轻重的地位。就在你按下快门的瞬间，所发生的变化就是光线在感光元件上留下了痕迹。光线通过照相机镜头的光圈抵达传感器，完成光线的记录。

如今的照相机一切都是自动化的。只要你将照相机设定到程序快门，或者就是 P 档，曝光问题就都交给照相机去完成了。大部分高级的数码相机在曝光问题的处理上都具有相当高的智能化程度，那么，为什么我们一上来还是先要考虑曝光问题？

因为我们的天性就是想做得更好。理解 ISO 对于一个摄影人来说是很关键的，因为照相机作为一种机械工具，是不具备艺术家的天赋和个性的。我们所需要做的，就是对照相机镜头机械地接受光线进行人为的补偿。当然，面对一些光线均匀分布的拍摄现场，照相机完全可以扮演一个完美的角色。然而一旦面对复杂的光线，比如逆光，照相机很可能就会被迷惑，做出错误的判断。

其实现在的照相机已经具备非常高的智能判断能力，尤其是其中的电脑芯片已经储存了大量优秀摄影家拍摄的数据，足以在大多数环境下做出准确的判断。但是即便照相机具备了应付一万种可能的能力，但是还是难以覆盖你所面对的一切。这也就是你还必须学会自己控制曝光的理由所在。只有你将操控能力发挥到极致，才可能将照相机的功能用到极致。

罗马不是一天建成的，同样，你对数码相机的熟悉程度也不可能一蹴而就。但是 ISO、光圈以及快门的调整，则是始终伴随你的左右。一定要不断体验尝试，让整个调节过程得心应手，融为一体。然后再比较一下 P 档是如何工作的，感受其中不同之处。只有在这样一段时间的体验过程之后，你才可能知道照相机的"大脑"是如何对付不同的光线，和你的控制有什么区别。接下来你就变得足智多谋了！

至于"正确"或者"错误"的曝光，真有这样的说法吗？或者换一种说法，你的曝光是否表达你的意图——是否更为确切？比如你想获得一个"正常"的曝光，但是你却曝光过度了，你从照相机的液晶屏上检测，发现高光部分在不停闪烁，发出警告。当然可以这样说，这是一个错误的，或者是糟糕的曝光。同样，曝光不足，暗部的警告出现，你也可以说是曝光不足，是一个糟糕的曝光。

但是照相机的测光是很机械的，你必须还要建立自己的标准，而非迷信。再精确的测光系统也会产生失误，或者说很容易被愚弄。尽管今天的测光系统已经非常先进，相比过去甚至让人感到惊讶，但是事实证明还是可以有更多的改进空间，而且永远不会达到你的智力水准。照相机的测光系统如今看来已经是非常昂贵的综合

名家案例——麦克纳利作品 01

名家案例——麦克纳利作品 02

名家案例——麦克纳利作品 03

系统了，但是你应该是更高一级的艺术综合系统才是。

至少可以这样说，测光系统是非常保守和故步自封的，始终不敢越雷池一步。而你可以做到的是，通过自己的思考，调整照相机，通过曝光不足或者曝光过度，达到你所需求的艺术效果。当然，我们还应该先了解一些曝光的基本规律，以便更好地获得你所需要的曝光结果。

我们再次强调，照相机的计算能力和测光方式是非常强大的，你可以做一个实验，面对瞬息万变的光线现场，你可以看到照相机的测光系统一刻不停地给出计算的结果，让人惊讶不已。但是也如前面所说，这一系统也不是永远准确，或者说，它会失误。任何再精密的系统也不可能不犯错误，但是这样的"错误"，也只是限于照相机的分析系统本身。所以说，它不可能和我们一样，同时具有左脑和右脑。换句话，照相机是一位工程师，而非诗人。

而你是具有两方面功能的，也就是说，你在拍摄照片时，可以同时利用左右两个大脑的功能。你努力成为一个视觉的诗人，同时你手上有一台机械的相机，而不是一支笔和一张纸。这台相机可以满足你同步思考的需求。

? 思考练习

1.为什么说数码相机在拍摄前的设置是非常重要的环节？

2.传统摄影中的色彩控制和数码摄影的白平衡有什么区别？

3.请说明光圈、快门、测光以及曝光之间的相互关系。

4.请根据不同的拍摄题材和环境讲述各种对焦方式的不同。

5.数码摄影还有哪些有价值和需要注意的控制方式？

三、更进一步——展现图像的活力

　　这一章开始将进入具体的拍摄技巧内容。工欲善其事，必先利其器，将基本的技术熟练运用之后，我们就能很快进入得心应手的化境。这些技巧主要包括：景深和动感的控制、涉及构图的色彩理解和平面设计空间、灵活选择自然光源和人工光源的基本技巧等等。

目的 —— 从基本技术进入具体的拍摄技巧内容，也就是在将基本的技术熟练运用之后，尽快进入得心应手的化境。

重点 —— 景深和动感的控制、涉及构图的色彩理解和平面设计空间、灵活选择自然光源和人工光源的基本技巧。

课时 —— 8课时

1. 景深控制技法

基本的摄影技术要求我们能够精确地对焦以便获得清晰的照片。但由于拍摄需要不同，有时除了主体景物以外，前后景物也需要同时也是清晰的，而有时前后景物却要是模糊、虚化的。这就牵涉到摄影中的一个重要的问题——景深的运用。

景深，也就是景物清晰的深度。说得通俗一点，就是照片上焦点图像前后的清晰范围。清晰范围大时称为大景深，清晰范围小时称为小景深。

景深范围的基本原理

我们知道，在被精确调焦的景物的前后，还会有一段相对比较清晰的范围。这里我们所说的相对比较清晰，是因为前后景物的清晰程度毕竟不如对焦点上的那个物体，但是可以被人们的视觉所接受。景深大小是可以控制的，照相机的光圈在控制景深的作用中，扮演了一个非常重要的角色。光圈有两个重要作用，一个是对光线的控制，另一个就是它的大小直接影响景深的大小。

记住一个最基本的原则：光圈越大，景深越小；光圈越小，景深越大。除了光圈对景深的控制作用最大之外，还有另外两个因素会对景深的大小发生作用。一个就是所用镜头焦距的长短，另外就是拍摄距离的远近。

当你拍摄时希望前后的景物都非常清晰，可以将光圈尽量向小处调节，比如 f/16、f/22。反过来，你只希望对焦的物体清晰，虚化前后的另外一些景物，那就尽量将光圈开大，比如 f/2.8、f/2，甚至 f/1.4。

当拍摄时的光圈大小不变，被摄体的位置也不改变时，使用的镜头焦距越短，景深就越大，镜头的焦距越长，景深就越小。也就是使用广角镜头时景深的清晰范围就大，使用中、长焦距镜头时，景深的清晰范围就相对要小得多。

而当拍摄时的光圈大小不变，所使用的镜头焦距也不改变时，被摄物体越远，画面中的前后清晰范围就越大，反之当你调焦于很近的被摄体，前后的清晰范围也就相对地小了。这就提醒我们，在拍摄一些特写和近景的画面时，调焦应该特别的仔细，否则稍有疏忽，会使主体景物虚化。

如果在拍摄时有意识地收小光圈，选用广角镜头，那么，从很近的物体一直到无限远的物体，都会相当清晰地展现在人们面前，使主体与周围的环境形成有机的联系，这在风光摄影、建筑摄影中用得比较广泛。大景深可以展现田园的开阔、山河的壮观，以及建筑物的每一细节。大景深还特别适合于旅游纪念照的拍摄，使人

Tips
景深的错位

有时在一个旅游点上拍纪念照，从取景框中看出去，人物和远处的纪念物都很清晰，然而照片出来后，却发现人物非常清晰，背后的景物却是一片模糊，不能满足到此一游的纪念作用。有时在拍摄时注意力都集中在主体上，忽略了背景的存在，或者感觉中的背景是模糊虚化的。但是出来的照片却让人大吃一惊，背景上那些无关紧要的物体都清晰可辨，不仅毫无意义，而且分散了人们对主体的注意力。

小景深聚焦前面的花朵上

大光圈选择性对焦的魅力

物和身后的景物都非常清晰，真正起到到此一游的作用。然而，在大部分的小型一体化数码相机中，由于使用了比较小的传感器，因此照相机的光圈无法设计得很小，否则会出现图像的不良干扰现象。因此小型数码相机的光圈一般只能收缩到 f/8 左右，很少能达到 f/11。好在这样大小的光圈和照相机的小型传感器匹配，足以满足一般的大景深的需求。

自然界的景物非常复杂，我们常常会发现在拍摄时无法避开一些杂乱的景物，如果让这些景物与主体一样清晰突出，势必干扰主体的吸引力。这时学会利用小景深突出一些景物，并虚化一些景物，就会使照片更富有个性。

获得小景深的主要方法就是开大光圈，并仔细向你所要突出的物体对焦，让其他无关紧要或是杂乱的物体变得模糊而不可辨认，作为一种抽象的形式空间陪衬主体。

在开大光圈的同时，可以将焦点对在前景的主体上，让模糊的远景在画面上产生空间的透视感，并在最大限度上降低对主体的干扰作用。相反，有时杂乱的远景因虚化之后会形成一些肌理质感效果，使画面变得更耐人咀嚼。你也可以将焦点对在中景的主体上，让前景和背景同时模糊，这时给人的感觉就如同看东西时盯着中景上的主体，形成对主体的一种明确的视线的引导作用。小景深的第三种方法是让前景虚化，它会使人产生一种身临其境的感觉，如同真是透过很近的前景观察远景上的人物或景物。

一般的小型一体化数码相机都有比较大的光圈，但是和较小的传感器匹配的结果，往往最大的光圈也难以获得理想的小景深效果。因此在需要小景深拍摄的过程中，必须结合镜头的视角和拍摄的距离，比如尽可能使用焦距较长的镜头范围，离开被摄体尽可能近一些，从而获得有效的小景深画面。

通过模糊的、朦胧的、虚幻的前景来烘托反衬清晰的主体，不仅会使画面显得简洁、明快、干净，而且小景深中的局部的虚，还可以给观赏者以丰富的想象的余地，使画面更加含蓄，魅力无穷。

在合理控制景深的过程中，我们还可以采用一些辅助手法，使景深的运用更为灵活多变。

大景深带来空间延伸效果

比如选择性调焦其实也是景深运用的一种方式，并且是针对难度较高的小景深而言的。我们知道，获得小景深的主要方法就是开大光圈，并仔细向你所要突出的物体调焦，让其他无关紧要或是杂乱的物体变得模糊而不可辨认，作为一种抽象的形式空间陪衬主体。这里所讲到的"向你所需要突出的物体调焦"，就是一种选择性调焦的过程。

定点对焦则是事先找准某一替代物作为聚焦的对象，而同时又确信所想拍摄的运动物体一定会出现在这一物体的位置上，等运动的物体一进入需要拍摄的位置，就可以全神贯注地抓取精彩瞬间，从而省去了对焦的过程。又比如拍摄运动员的短跑冲刺，

通过定点对焦捕捉运动的物体

先将焦点对准在终点线上，等运动员即将撞线的刹那按下快门，既能节省时间，也有利抓住高潮的时刻。

区域对焦法主要适合拍摄一些没有固定规律运动的物体，但这一运动的物体的活动范围是可以把握的，这样就可以利用确定一定的景深范围的原理，随时将运动在这一范围中的物体拍摄清晰。根据景深的原理我们知道，只要拍摄时的镜头焦距、光圈大小和拍摄距离相对固定，景深范围也就确定了。比如在球门的两侧拍摄足球比赛，精彩的瞬间大都出现在球门前的禁区附近，那么只要选择较小的光圈和合适的对焦距离，就能将这一区域都纳入景深范围之内，接下来的工作就是通过取景框抓拍了。

采用区域对焦的方式，其焦点是处于景深范围之内，只是相对的清晰，不可能如焦点对准那样能获得最为锐利的影像。因此，如果具备了扎实的跟踪对焦的基本功，还是始终将焦点对准被拍摄的物体为好，以获得最理想的画面。

2. 动感控制技法

我们这个世界无时无刻不处于运动之中，但我们所使用的照相机记录的每一幅照片却是静止的，能否以静止的照片表现运动呢？回答是肯定的。这使我们首先想到了照相机快门，它的作用除了控制曝光以外，还可以有从 B 门、1 秒一直到 1/8000 秒的十几级快门速度的变化，为记录动感的世界提供了一系列的变化条件——或是凝固、浓缩动感的精彩瞬间，或是虚化、延伸动感的视觉效果，使人们从心理上感受到运动的力量。

在选择较高的快门速度时拍摄，往往可以将运动的物体清晰地凝固下来，让观众在照片上获得对运动物体完整清晰的印象，或是将我们在平时的观看过程中不太注意的某个精彩瞬间凝固下来，获得审美的情趣。如果快门速度太低，画面一片模糊，就很难表现出运动物体的真实状态。

所谓高速快门，就是高于常态速度的快门，比如在 1/250 秒以上的快门速度。我们很难以精确的数字来划分高速快门和常态的中速快门，因为所有的运动物体都不是以同一个速度运动的，有的快些，有的慢些，只要快门的速度高到可以将动体凝固下来，就可以满足拍摄要求。这就是高速快门的相对性。

低速快门下人物有旋转感

高速快门凝固的清晰瞬间

选用高速快门首先要考虑的是动体的行进速度。动体运动的速度越快，所使用的快门速度也越高。

其次，运动物体的距离决定快门速度。同样速度的动体离照相机的距离越近，快门速度就应该越高些，一辆自行车在你的眼前一掠而过，而一辆在马路对面行驶的自行车，却能在你的视野中保留一段时间，这就是相对运动速度的原理。

第三，快门速度还与物体的运动方向有关。在运动速度相同的条件下，当动体在镜头前面横向运动时，选用的快门速度应该最高，动体呈斜向方向运动时，快门速度可以略为慢些，而当动体面对镜头或是背向镜头运动时，快门速度还可以更慢些。

有必要强调的是，既要以较高的快门速度凝固动体，又要表现出动感的瞬间，关键还在于选择动体活动中的最富有意味的瞬间。否则凝固的瞬间又会变成一种静态，这就是单幅照片的局限性所造成的。比如拍摄一行人，如果凝固的瞬间恰好是双脚着地、重心最稳的画面，那就很难给人以动态的印象。如果抓拍到的瞬间是一条腿抬起向前，就会形成有效的动感效果。因此面对动感物体的拍摄，有时候并不需要很高的快门速度，但必须有相当强的瞬间把握能力。

相对来说，选择低速快门表现独特的运动观念，要比选择高速快门来的更有挑战性，也更具备实际意义。说到更有挑战性，是因为在一般的低速快门表现的领域中，画面中的动态物体都是虚化的，要恰到好处地表现其虚化的魅力，比起仅仅选择高速快门来说，难度要大得多。尤其是低速快门的虚化效果很能引起人们的注意力，从而在视觉表达的范围内有更实际的实用价值。

低速快门不仅仅是相对高速快门的选择，更重要的是相对运动物体的速度而言的——凡是快门速度不能将动体清晰地凝固下来，我们就可以称其为低速快门。

在一般的情况下，选择低速快门，主要想达到这样的效果——让运动的物体在画面中不再是清晰可辨的，在人们视觉印象中产生一种流动的感受，使动体变得更为生动。但是我们往往又要求被低速快门所虚化的动体还是能够辨认出大致的外部特征，从而知道摄影师拍摄的是什么，从而达到心理上的平衡。然而，一旦快门速度慢到使画面彻底虚化，则会产生相当抽象的魅力，这时所表现的动体本身是什么已经不再重要，留下的是对画面上的光、影、形、色的欣赏。

相对高速的快门使主体基本清晰

相对较慢的快门速度让舞裙虚化

在使用低速快门拍摄时，一般低于1/30秒以下的快门，最好使用三脚架稳定相机，或者开启数码相机的防抖功能，避免影像的整体虚化，而不是动感的虚化。

在表现运动的物体时是选用高速快门还是使用低速快门，应根据需要来决定。虚实结合可以有多种情况：可以是主体的虚与背景的实相结合，可以是主体的整体实和局部虚的结合，还可以是两个或两个以上相似的物体，它们之间的虚实结合等等，可以灵活处理。

在数码相机的使用上，你可以选择快门优先的模式，或者手动模式，灵活决定快门的速度，获得意想中的虚实结合的效果。

41

充满动感效果的追随摄影
（王一鸣摄）

除了上面介绍的两种快门速度可以控制动感之外，追随摄影则是一种在运动过程中捕捉动体的特殊表现技法，相对前面的一些动感表现手法来说，难度更大，但是所获得的艺术效果也更为强烈。尤其是对于一些擅长于体育摄影等动体拍摄的摄影师来说，追随摄影更是必须掌握的一种动态摄影手法。

在采用高速快门拍摄时，照相机是固定不动的，运动的主体是清晰的，静止的背景也是清晰的，给人的效果是一种凝固的瞬间冲击力。

在采用低速快门拍摄时，照相机也是固定不动的，但是运动的主体是虚化的，静止的背景却是清晰的，或者是主体的整体是清晰，局部产生虚化的结果，两者结合在一起，给人以虚实相间的流动感觉。

追随摄影的效果则相反，拍摄时照相机是移动的，由于选择了适中的快门速度，结果画面上运动的主体是清晰的，但背景因为照相机的移动成为虚化的，从而起到了以虚衬实的作用，既让人看清楚动体的细节，又有相当强烈的动感。

追随摄影的基本特点就是在拍摄时摇动照相机，让镜头跟着运动的物体一起转动，取景框始终将运动的主体保持在相同的位置上，从而在获得较为清晰的主体的同时，让背景呈现出强烈的线状的虚糊，有效地达到以动衬静的效果。

追随摄影的基本拍摄方法是这样的：身体站稳，两脚略微分开，先从照相机里捕捉到运动的物体，然后随着动体运动的方向一起转动照相机，让动体始终保留在取景框的固定位置上，并在转动的瞬间按下快门。由于照相机是与动体同步运动的，动体也就被相对地凝固住了。但由于在按下快门的瞬间照相机是转动的，本身固定的背景也就随着运动的方向成了线状的虚化效果。

追随摄影既不用高速快门，也不选择低速快门，而是采用中速快门拍摄。快门速度一般控制在 1/60 秒左右，并且需要根据运动物体的速度，适当地调整快门速度，以保证在运动物体相对清晰的条件下，尽可能地虚化背景或前景。

在一般情况下，速度适当放慢些有利于背景的虚化，但由于照相机是在运动的过程中按下快门的，所以很可能因此会产生抖动，对清晰地捕捉运动主体不利。

相反，快门速度适当提高些，对主体的表现比较有利，能更清晰地凝固动体，但却会减弱了背景的虚化程度。所以说，可以根据运动主体的速度快慢，在 1/60 秒前后调整快门速度，也可以在条件许可的情况下，用不同的快门速度多拍摄几张，提高成功的可能性。

追随摄影的快门速度越慢，背景越杂乱，效果也越好。如果是使用数码相机，防抖功能最好关闭，不然运动的效果反而因为影像的稳定显得不足，失去了追随摄影的意义。

追随摄影主要讲究利用虚化的背景来衬托清晰的主体，因此背景越为虚化，动感的效果就越明显，视觉的冲击力就越强。特别是应该选择明暗反差大些、相对杂乱的背景，对于彩色摄影来说，背景的颜色越丰富，分布越是凌乱，动感的效果也就更为突出，有利于形成丰富的虚化效果。有时候也可以利用杂乱的前景来衬托主体，关键是如何安排好前景的位置，既要达到以动衬静的感觉，也不希望过于杂乱的前

Tips

防抖功能

在使用数码相机拍摄运动物体时，除了在拍摄稳定性上需要多多练习之外，还可以使用一些数码相机上具有的防抖功能，使影像的清晰度大为提高。

追随摄影只需保证主体相对清晰

景掩盖了主体的表现力。

试想一下，如果背景是一片蓝天，一堵白墙，不管你怎么摇动照相机，背景依然是一片蓝、一片白，也不可能出现虚化的效果，自然失去了追随摄影的意义。

此外，追随摄影的方向可以是灵活多变的，主要根据物体的运动方向而决定。横向追随、垂直追随、斜向追随，甚至还可以旋转追随，充分展现动感的魅力。

3. 瞬间抓拍技法

在面对运动的物体时，为了更好地捕捉精彩的瞬间，需要掌握一些有效的抓拍方式。

抓拍又称为偷拍，就是在拍摄的过程中，既能抓取对象的逼真神态和动态，又能尽量不引起被拍摄者的注意。因为一旦被人们注意了，被摄者就可能显得不自然，甚至引起反感，所需要的瞬间效果就可能荡然无存。

声东击西法完成的抓拍

一般来说，抓拍以小广角镜头为宜，并根据光线调好光圈、快门。光圈尽可能小些，可以加大景深以弥补慌乱中对焦不实的毛病。

中长焦镜头在抓拍时也有长处，可以离被摄者较远并不被发现。抓拍的方法很多，主要有这样几种：

攻其不备法：当你在生活现场发现感兴趣的拍摄对象时，为了在拍摄前不引起对方的注意，可先装出一副若无其事的样子，根据环境光线先调好快门和光圈，同时估计一下大致的取景范围，换上合适的镜头，或是将变焦镜调到合适的焦距处，以便在瞬间获得比较合适的画面构图。这时注意不要盯着被摄者看，只是利用眼睛的边缘目光边走边观察，等被摄者不注意时突然转过身来，举起照相机，迅速对焦（或利用自动对焦）拍摄，往往就能抓到很生动的照片。

声东击西法：有时在拍摄现场的被摄者对你已经注意了，始终盯着你的照相机看，那么此时就可以采用声东击西法，通过分散被摄者的注意力获得较理想的效果。比如可先装出拍摄其他对象的样子，找一个与被摄对象距离相等的、但是方向不同的对象，除了调好快门与光圈之外，还可以利用这一对象对焦，并尽可能收小光圈加大景深，摆出全神贯注拍摄这一对象的姿势，但始终用眼睛的余光注意真正的被摄者。这样，真正的被摄者就会放松警戒，将视线转向你所虚拟的拍摄对象。这时你就可以迅速转过角度，马上抓拍需要表现的对象。

盲目射击法"偷取"的画面

要想不干扰被摄对象，采用液晶显示屏可以翻转的小型一体化数码相机也许就是最好的选择。这类相机的液晶显示屏有的可以上下翻转，有的还可以左右翻转，因此在抓拍的过程中，将取景屏翻到另外的角度，让镜头和取景屏处于不同的方向，这样就可以迷惑被拍摄的对象，使其认为你在拍摄其他方向的景物，从而获得神态自然的影像。

盲目射击法：有时在旅途中或是大街上看到一些感兴趣的人物，但被摄者已怀有"敌意"，这时就千万不要硬拍，以免引起争执和不愉快。这时只能采取盲目射击法

守株待兔法等候的结果

了。具体方法是：将照相机挂在胸前，或者提在手上，不要举起，装上广角镜，使用较小的光圈，目测焦距。然后装出漫不经心的样子，将胸前的照相机对准被拍摄者，趁其不注意时用大拇指而不是食指去按动快门。这样人们往往不会认为你是在拍摄照片，从而不露声色地获得你所需要的照片。

盲目射击法还可以用在这样的场合：当拍摄的现场人很多，无法挤入事件的中心进行抓拍，附近也没有什么制高点时，可将拍摄的距离大致调好，将照相机举过头顶，向下俯压一个角度，在人群外向中心"盲目射击"，也能拍到可用的照片。使用盲目射击法时最好是选用广角镜头，取景时凭估计多留些余地，照片出来以后再作精确的剪裁。

守株待兔法适合对朝一个方向匀速运动的物体进行抓拍。比如当你预测被摄者正朝某个方向运动时，可以预先在其前方找个隐蔽物，比如大树后、街角、商店的橱窗边上等做好准备，被摄者一旦进入预定的取景位置就拍摄，在被摄者毫无准备的状态下抓拍到真实自然的照片。由于这时的被拍摄对象是在运动的过程中，因此快门速度可以选择高些的，从而获得尽可能清晰的画面。

可以事先找到一个比较理想的拍摄背景，然后等待合适的被摄体出现在这一背景前，获得人物和景物完美结合的画面，这也是守株待兔法的一种。

还有就是打草惊蛇法：在一些特定的场合，被拍摄的对象沉浸在自己的生活环境中，对你的拍摄并不在意，但是画面缺乏足够的生动感，这时候不妨试试打草惊蛇法——有意惊动被拍摄的对象，趁其出现独特的反应时迅速按下快门，获得意想不到的画面。打草惊蛇法对于拍摄儿童十分有效，往往能使画面充满动感的吸引力。

抓拍是一个敏捷反应的过程，但不管你的反应有多快，有时也很难赶上瞬息万变的突发性事件。此外，由于数码相机所特有的时延，会在某种程度上影响拍摄的准确性。时延又称时滞，是指相机在按下快门之后需要完成一系列的操作，才能打开快门。尤其是小型一体化数码照相机在按下快门之后还会增加一定时间的延迟。尽管现代数码相机的时延已经非常短，只有零点几秒甚至更短，但是对于瞬间的抓拍来说，依然会让人有失之交臂的遗憾。

避免时延的方式就是培养一种预感的能力，事先判断可能出现的情景，提前半按下快门，做到万无一失。一旦有了极其灵敏的素质，就能事先可能多地做好准备，获得圆满的成功。

预感还包括你对每一个瞬间的理解和判断，究竟哪一个瞬间最合适，这需要你在极短的时间里做出抉择。你可以抓在它完成以前的一点点上，让人们用自己的想象去"完成"以后的画面；你也可以抓在它完成以后的一点点上，给人留下无穷的回味余地；当然，你可以抓在事件发展的高潮点上，给人以一种力度感。数码相机即拍即得的优势，可以让你在第一时间感受瞬间的惊喜。

应该考虑到这样一些因素，一张照片的最佳瞬间不一定是在事件发展的高潮点上，但是也会带来不错的想象力空间。

通过预判捕捉到的生动画面

4. 色彩控制技法

努力还原自然界的真实色彩，是数码摄影追求的目标之一。然而想通过传感器完全真实还原自然色彩只是一种美好的愿望而已，在实际过程中几乎是无法达到的。因此其中牵涉到的许多复杂因素，会从各个方面最终影响色彩的真实表现，比如人眼对色彩的感受就是最大的障碍之一，也是数码传感器难以完全平衡色彩的重要原因所在。

人们的眼睛很容易适应周围环境光线的变化，并感受出它熟悉的颜色。眼睛对熟悉颜色的感觉能力要比对物体实际颜色的感觉能力强得多。与眼睛恰恰相反，数码传感器所记录的颜色，是被摄物在曝光一瞬间颜色的数据记录，跟颜色在这之前任何时刻呈现的面貌没有关系，跟"通常"呈现的面貌也毫无关系。也就是说，传感器是一种客观的记录过程，如实地反映了拍摄瞬间内颜色的实际面貌。

例如，用一台数码相机使用固定的白平衡表现一张白纸时，如果使用不同的照明光线，表现出的白色也不相同。用自然光线照明时，白纸呈现的颜色白中透蓝；用亮度弱的电灯照明时，白纸呈现的颜色则略带黄色。可是，无论在上述哪种光线下，肉眼看到的白纸却一律是白色，这就是主观色彩因素在起作用。当我们老是抱怨数码相机对色彩的还原不准确时，却忽略了一个最重要的因素——是我们的视觉和心理导致了彩色摄影的色彩不平衡。

对于肉眼而言，一个物体的"本来颜色"，是它观看这个物体时最常见到的颜色——这种颜色相当于物体在将近中午的日光下呈现的颜色外观。

那么面对一张数码照片，如何来判断其色彩是否平衡呢？如果是拍摄人物，最好以人物的肤色为判断标准，只要眼睛看上去比较真实和舒服，也就可以了。

对于色彩还原的判断，如果画面中有黑色、灰色或白色的物体，只要这些物体不存在较为明显的偏色（不管偏哪一种颜色），那么整个照片即使存在偏色，也不会很严重。

实际上，能够忠实地记录各种颜色的数码相机实际上是不存在的。为使一种数码相机的传感器能够拍摄出令人满意的效果，必须使它在严格规定的照明条件下曝光。影响色彩平衡的另外一个重要因素，是各种不同时间过渡和环境光线所造成的。比如在不同的自然界的时间段中，色彩一直在发生着微妙的变化，从而时刻影响数码相机色彩还原的平衡效果。又比如在大面积的环境色彩的影响下，一些原本色彩可能正常还原的主体也会染上环境的色彩，从而产生新的不平衡。因此，我们不必苛刻地计较所谓的色彩真实还原，而应该将注意力放在对色彩元素的运用上。尤其是相对传统摄影而言，数码摄影的方便之处，就是可以通过后期的调整，不仅对图像进行大范围的处理，同时也可以对局部的色彩进行精确的修正。

我们在观察任何一个颜色时，总是会同时看到它周围的其他颜色，我们对这个颜色的反应，也是在周围色的比较中得出来的。这种色彩相互比较所产生的视觉现象，叫作色彩对比。在数码摄影中，色彩的对比往往比传统摄影方式来得更为强烈，尤其是在屏幕上观看数码照片时，更能获得异常鲜艳的对比效果。色彩对比的造型效果主要有明度

各种色彩的明度关系和对比效果　　　画面中的灰色是判断色彩的最好标准

色彩的具象（左）和黑白的抽象（右）

Tips

主体的引导

在浏览一幅照片或者一幅画的时候，观众的目光习惯于沿着相似的主体形态或者相似的色彩进行扫描。比如眼睛先是被一个红色的区域所吸引，然后跳向另外一个红色的区域，以及所有的红色区域，很可能就回到最初的那个区域。因此你完全可以通过这样的方式完成一幅不错的构图：所有相同或者相似的色彩、形状或者亮度共同构成一个有效的氛围，吸引目光的逗留。

第三章　更进一步——展现图像的活力

45

强烈的冷暖色调对比

单一色彩的和谐感觉

Tips

相似的形态

　　一幅图像中不一定要有一个主体。构成图像的方式往往是一些相似的形态、色彩等在画面中有意识地重复的构成。也许可以这样说，这样的图像没有开始也没有结局，但是却成为完整的生活。这一类型的影像就像是一个鲜花盛开的花坛，或者是夏日的草原上有着不同色彩的草和花朵，以及山坡上一排接一排的果树，甚至仅仅是秋日丰富的色彩——棕色、黄色、红色以及绿叶充满了整个画框。

对比、色相对比和纯度对比几个方面。

　　明度对比：亮色在暗色的对比下会显得更亮，暗色在亮色的对比下会显得更暗。即使是同一种颜色，在不同的明度背景下，会因为对比的力量呈现不同的亮度感。两幅画面中的黄色，在不同的明度色彩陪衬下，呈现完全不同的明度效果。

　　从色彩的级谱上看，由于对比的关系，级谱一般可以分为三大类——长调级谱、短调级谱和对比级谱。

　　长调级谱以中间色调为主，画面产生缓慢的色调递变。从长调级谱的视觉语言特点看，画面的反差小，调子柔和，能增强物体的塑形感，给人的视觉感受是安静、缓慢与平和，但缺少足够的力量感。短调级谱则舍弃一定的中间色调，色调之间的转变比较显著，其中的等级排列也少。短调级谱的视觉语言特点是偏重暗色调，给人以深沉的感觉，但有时也会产生令人压抑的心理效果。第三种就是对比级谱，缺少中间色调，其色调变化的特点是直接从白色或浅淡的颜色跳跃到暗黑色，不需要任何的过渡色调。其视觉语言是反差极大，调子生硬，可以加强画面轮廓线条的清晰度，但不利于物体的层次质感的刻画。

　　色彩的对比效果还包括色相对比和纯度对比。前者是以不同的颜色进行对比，红色和绿色相并列，红的更红，绿的更绿；后者就是色彩的饱和度对比。两种不同饱和度的色彩并列，往往可以取得既生动又平和的色彩组合，形成高雅的诗意氛围。

　　色彩的对比是追求色的差异和变化，而调和则追求色的统一与和谐。对比给人以生动、强烈的感受，带有爆发的力量；调和能给人以舒适、愉快之感，具有高雅的特征，带来心理的平衡。"对比"造成变化，但需要"调和"，否则容易陷入混乱；"调和"带来统一，但离不开"对比"，否则会显得单调。这就是色彩控制的辩证法。

　　"调和"是指两个以上色的一种关系，凡是具有下列色彩关系的组合，都可以成为调和色：弱对比色，逐渐过渡的渐变色调，含有相同因素的色（如丛林中的草绿、深绿、枯叶的绿等都含有"绿"的成分），各种纯度的颜色以及任何中性的消色等等。

　　要想创造调和色彩，关键是寻找调和的因素。在大自然和生活中寻找和发现调和的色调，主要靠的是对色彩的理智认识，结合直观的感受，尤其是要训练敏锐的发现眼力。

　　色彩调和需要善于取舍色彩。通过镜头和其他各种方法避开不调和的色彩关系，而对需要得到的调和色则想方设法将其纳入画面之中。比如可以改变拍摄角度，等待拍摄时机，取舍同样需要果断、快速和敏捷。

　　色彩调和还可以是灵活调整画面色彩的面积关系，通过画面色彩面积比例的合理构成，以求得和谐感。比如当对比色平分秋色相对峙时，只需要缩小一方的色彩面积，同时增加对方的色彩面积，就能通过比例的倾斜达到色彩的调和。

有必要强调黑白色调在数码摄影中的作用。作为一种消色成分，黑白之间的对比是最强烈的，任何一种色彩的对比都无法与之相比。因此，一旦在彩色画面中出现黑白色调，就会使色彩变得厚重纯正，自然也就起到了色彩的调和作用。

自然界的各种颜色给人们的感受是不一样的，在心理体验上更是各不相同。绿色和紫色为中性色，红、橙、黄等为暖色，蓝、青等为冷色。在光谱上趋向于暖的红、橙、黄色，具有温暖、热烈的感觉，往往让人联想到希望、胜利、幸福等。在光谱上趋向于冷色的绿、青、蓝、紫，具有寒冷、严肃、宁静的感觉，往往能令人联想到寂寞、神秘等。

每一种色彩都有其自身的魅力，都负载着人们一定的思想情感。红色充满革命般的热情，金黄色预示着收获的饱满，绿色代表着自然的生机盎然，蓝色给人以平静、幽远的感染。这些象征意义来源于自然界中的色彩分布。

然而色彩的冷暖感也不是绝对的，而会随着环境的变化而改变。比如我们认为的暖色黄色，与红色并列出现在画面中时，就会显得发冷。而紫色在蓝绿色的衬托下，则会产生"变暖"的感觉。从这一意义出发，不懂得冷暖对比就不懂得色彩。

现代科学进一步证明，色彩确实对人的生理产生"冷暖"作用。在彩色灯光照射下，人的肌肉弹力会增大，血液循环也能够加快，其变化程度从小到大依次为：蓝色、绿色、黄色、橘红、红色。

逆光法可以控制冷暖。景物的背光部分，受环境色彩反射光的影响，除了会产生与照射光对立的冷暖调性外，本身还具有极为丰富的冷暖变化。因此，数码摄影中充分利用逆光，常常能获得优秀作品。

色温调节法也能控制冷暖。我们知道，数码相机的白平衡与被摄对象色温一致，能够获得准确的色彩。但是有目的地造成两者的不一致，往往能获得意想不到的色彩冷暖对比效果。色温相差越大，对比效果也就越强烈。或者有意违反色温平衡的原理，在光源前面加上各种色彩的透明胶片，就能产生特殊的彩色光源效果，使画面产生新意。

当被摄对象色彩比较平淡时，可以从背后或侧后方照射与主体色调相对比的冷调或暖调光，造成冷暖对比反射光，丰富画面的色调。这就是控制冷暖多辅光法。

著名的电影导演爱森斯坦在谈到色彩时，指出了一个有趣的现象，也就是每一种颜色所引起的心理感受不是一种，而是成双成对的，甚至是彼此相反的。黑色，既是大礼服的颜色，也是丧服的颜色；绿色，使人想到青春，也让人联想到暴力；蓝色，既可以是和平安宁，也可以是冷酷无情；红色，既可以是光明，也可以是血腥；白色，常用来象征纯洁，也可能暗示死亡。

色彩的情感把握贯穿于整个摄影过程，不要以为数码摄影就是将五颜六色堆砌在一起，好像色彩越丰富越好。想把握好色彩的情感变化，首先要了解生活，要确定拍摄内容与基本色调的关系，通过选择取舍，处理好局部色彩与整体色彩的统一。

Tips

连续变焦技法

如果想要让画面产生新的动感，利用变焦镜头的连续变焦摄影就是其中的一种方法。具体方法是，在使用变焦镜头时，按下快门曝光的瞬间急速地改变镜头的焦距，使画面产生强烈的由中心向四周的放射线条，形成爆炸效果。由于这一变焦的过程是连续的，所以被称为连续变焦摄影。

雾色构成的色彩单一和谐效果

5. 平面构成技法

平面构成即我们平时所说的构图。美国摄影家爱德华·韦斯顿曾说："好的构图只不过是观看事物的最好方式。"然而独特构图方式的形成并非天生的，它有赖于拍摄者长年累月的辛勤积累。只有通过大量地欣赏、理解摄影、绘画构图的经典名作，

主体处于黄金分割位置的重要性

才可能打下坚实的基础，厚积而薄发；也只有在不断的拍摄实践中大胆创新，努力摆脱那些可能被经典名作形成的束缚，才能以新奇的构图形式独树一帜。

先来看画面的平面分割效果。分割线主要有直线分割和曲线分割两种。一般地说，直线分割给人的感受是明确、冷静、硬朗，装饰感强烈，而自由曲线的分割则给人的感受是较柔和的、热情的、充满人情味的。

传统画家最为所推崇的分割形式就是著名的黄金分割律。尽管这一由古希腊美学家首先发现的分割定律在统治了数千年的画坛之后，美学地位在现代人的目光中已大不如从前，但对于摄影师来说，了解并巧妙地利用黄金分割原理，不仅有助于在短暂的瞬间简洁地把握较完美的构图形式，同时也能为创新出奇打下坚实的基础。

黄金分割实际上就是寻求一种完美的均衡，比如以雅克·维隆为首的黄金分割画派关心的就是几何形状的比例和匀称。0.618 这一神奇的黄金分割数字确实说出了均衡的秘密。现在我们所看到的各类书本杂志，它的长边与短边之比接近于 0.618，生活中按照这一比例设计制造的用品俯拾皆是。

富有变化的三分法构图

不管照相机取景时采用直构图还是横构图，先将画面上下左右等分为三，形成一个"井"字，画面上就会出现两条横线和两条直线，并产生四个相交点。如果这时你将地平线放在两条横线的位置，或是将被摄的趣味中心放在任何一个相交点上，都会发现有一种比较愉快的均衡感。假如试着将地平线或是趣味中心移到正中，往往会产生过于平等的呆板感觉。反之试着将趣味中心移到边角上时，又会出现紧张的压迫感。

如果我们的拍摄题材需要比较均衡完美的构成，比如一些风光、人像特别是广告、静物等的拍摄，完全有理由也有必要运用黄金分割定律获得赏心悦目的艺术效果。

利用黄金分割还可以确定画面的趣味中心，也就是画面中最使观众感兴趣的某个部分。在一般的情况下，主体形象往往构成了趣味中心，只要我们调动各种造型因素对其加以强化，就能获得理想的效果。但实际上从观众的欣赏角度出发，有时你所建立的主体形象未必就是受观众欢迎的趣味中心。尽管这一主体形象在画面中非常突出，但由于它的司空见惯，观众的目光也就不可能在上面停留更多的时间，不会发生更多的兴趣。

首先是在画面中是否要建立一个（或一组）形象使其成为趣味中心？因为一幅画面可能并不需要一个独立的趣味中心。比如拍摄一幅沙丘照片，那连绵不断的线条、细浪般的质地、闪烁的黄褐色以及广阔的空间已经构成了一个吸引人的整体。此时你再想确立一个主体形象，比如将一块深暗色的岩石放在前景使其成为"趣味中心"，你就得问问自己：这块岩石与整个沙丘究竟构成什么关系？观众是否会对它发生兴趣？这时如果从画面的远处走来一个人，很小，但穿着颜色鲜艳的服装，将其作为趣味中心是否可以呢？回答也许就是肯定的。因为人物服饰的鲜艳色彩与沙丘形成明暗的反差，人物的形态又能与

趣味中心始终是画面中需要考虑的重点

自然构成大小的对比，观众往往会对其产生神秘感，在对人物发生兴趣的同时，会让目光在画面上停留更长的时间，因此也容易感受沙丘的辽阔壮观。

接下来的问题是如何强化趣味中心。如果你所设立的主体形象本身就比较独特，就容易引起观众的兴趣。如果这一主体形象本身很一般，就必须调动所有的审美目光去发现形象不同寻常的另一面，在用光上，在拍摄角度上，以及在运用不同的镜头等方面多动些脑筋，让人们看到这一主体形象平时不易看到的另一面，从而对其发生兴趣，让观众对画面内容的理解有最快的时间和最强的效果，你的构图目的也就达到了。

在拍摄时改变视点与空间距离，也是摄影平面构图的一个重要方法，这同时也能强调趣味中心。改变视点主要包括这样三个部分：一是通过横向移动，二是通过俯仰拍摄，三是改变拍摄者与主体之间的距离。

当我们举起照相机从正面去拍摄一个物体时，拍摄的视点和高度正好和人们看东西的习惯相一致，这时按下快门，符合人们的欣赏角度，但却不容易出新出奇。所以，要打破人们从正面以平视的角度观看景物的习惯，更应该时时想到摆脱习惯视点的束缚，让人们获得全新的视觉享受。

背影的诱惑力不可轻视

在横向移动的角度上看，从被摄体的正面拍摄，可形成庄严、肃穆、平稳的构图效果，但是平稳的线条、对称的结构也会因缺乏透视感而显得呆板。转到景物的斜侧方向，画面上原来的平行线条形成了斜线，具有模拟纵深的力量，画面也就容易变得生动。当我们走向景物的背面时，找到的就是常常被人们忽视的角度，如果将其大胆地框入画面，会使画面的构图语言变得更含蓄而富有想象力，特别是从背后去拍摄人物，能将主体人物和他所关注的对象表现在同一个画面上，帮助观众体验人物的内心活动。

我们可以从观众的逆反心理去理解景物的正、侧、背——比如人们常常从正面去观看某个景物，那么在拍摄时就尽量避开正面的视点。而面对人们熟稔的某个侧面的景物，你就不妨从它的背后去取景，力求给人以全新的视觉冲击力。

视点的变化同时包括从不同的高度来完成新的构图形式。尽管平视的取景角度常常给人以正常的透视感和心理上的亲切感，也容易形成面对面的交流，但却会因平时看得多了、过于平常而缺乏新意。改变这一缺憾的最好方法就是试试仰拍和俯拍——

在拍摄时蹲下、跪下甚至躺在地上（或者利用液晶显示屏的翻转）向上仰拍时，从人们平时不会观看的特殊角度构成画面，自然就会产生新奇感。仰拍在构图中主要有这样一些特点：仰视的画面有向上的昂扬情绪，容易获得以天空为背景的简洁画面，同时能够抒发抒情写意的心态。

全景的力量气势恢宏

仰拍的视点富有出其不意的力量

人物的朝向决定了开放的结构

相对完整的封闭构图画面

特写的魔力细致入微

利用广角镜进行仰拍时，景物本身向上汇聚的线条会产生更为强烈的冲击力，并通过变形和夸张获得异常鲜明的视觉效果。

反过来寻找一个较高的视点向下俯拍，能将观众也带向"会当凌绝顶，一览众山小"的境界。在现实生活中，人们观看远近景物会受到自身高度的制约，视平线上的景物重叠在一起，这时如果采用仰角拍摄只是突出前景的景物，只有俯视构图才能使前后景物得以充分的展现，明确各种景物的地理位置，使画面构图的空间深度得到最大限度的铺展。

比较来看，仰角重于抒情，俯角重于写实，我们可以在不断的实践中逐渐体会它们的魅力。

现代小型数码相机在俯仰构图上确立了新的优势，最主要的原因就是这些数码相机都可以通过翻转的液晶显示屏进行拍摄，因此往往只需要翻转显示屏，就可以从站立的位置以不同的高度俯拍或者是仰拍画面，非常便利。因此，如何运用这一优势，正是数码摄影构成中的一个令人感兴趣的话题。

景别大致可以框出远景、全景、中景、近景以及特写等各种景别的主要范围。

远景展现的是自然界辽阔的景物，不仅表现一些主要的景物，也同时展现物体周围的环境，并强调景物之间的联系而忽略细节的表现。

全景表现被摄对象的全貌以及少量环境特点，它的范围小于远景，主体比远景中的更为突出，与环境的关系也开始相对地减弱。

中景强调表现人与人、人与物、物与物之间的关系，舍弃了大面积的环境，同时开始将注意力放在了具体地描述画面的情节上。

近景在于突出表现被摄对象的主要部分、主要特征，常对人物的神态或景物的主要面貌作较具体的刻画，一般的情况下，环境不再在画面上出现。

特写再进一步对某一部分作更为集中突出的再现，更加细腻地刻画局部的细节以求传神。

在画面空间距离构图中，景物所包含容量的场景大小被称为景别，其中包括从远景到特写的变化。改变景别大小主要有两种方式，一种是利用各种焦距的镜头改变画面中的场景大小，另一种是改变拍摄距离使其场景发生变化。

尽管各种景别在摄影中都各有特色，各具独自不可替代的构图作用，但其中尤以远景与特写这两个极端具有特殊的审美效果，古人所津津乐道的"远取其势，近取其神"正是说出了其中的特点。

当我们从宏观的角度利用景别的特征时，远景就像展开了一曲宏大的交响乐，这是因为远景在表现大自然或与大自然融为一体的人或景物时，气势最为恢宏，气氛也最为舒展，因此就有"远取其势"之说。

表现远景要注意选择大自然本身的形象元素，从大处落墨，比如起伏的山峦、蜿蜒的河流、阡陌交通等，以博大的胸怀和眼光将其线条和色调构成背景，还可以运用早晚的云蒸霞蔚，使远景的气势更为奔放，更具抒情效果。

反过来，从微观的角度来看景别的特征，特写就像一曲细腻入微的小夜曲，或是镜头离被摄体距离很近，或是运用长焦距镜头展现景物或人物富有特征的局部，使人容易感到亲切动情。随着摄影艺术的普及发

主体和陪体的关系非常明确

展，"近取其神"所创造的强大的视觉冲击力和动人的艺术形象正为更多的人所欣赏和接受。

方构图的稳定性和旋转感

特写可以用来揭示人物不同的内心活动，通过人物的眼睛、双手等洞悉人物不同的内心世界，也可以将一些生活中不易为人注意的细节展现在人们的眼前，既能引起人们的惊讶，又能挖掘出其中的生命意义。

匈牙利电影美学家巴拉兹解释传统美学对于画面框架的界定时认为有这样一个原则："每一件艺术作品都由于其本身的完善结构而成为一个有它自己规律的小世界。艺术作品由于画面的边框、雕塑的台座或舞台的脚光而与周围的经验世界产生分割距离。艺术作品本身的完整结构和特殊规律同时也赋予它以内在的力量，使它能脱离广大的现实世界而独立存在。"如果摄影家也是以上面的框架的平面形式来再现现实世界，并习惯于这种完整的"小世界"，我们就将这一画面的构成方式称之为封闭式构图。

封闭，就是用一定的界限把一些东西圈起来，不让它们与外界发生关系。当摄影师用框架去裁取生活中的形象，并运用空间角度、光线、镜头等手段重新组合框架内部的新秩序时，我们就把这种构图方式称之为封闭式构图。

摄影师把框架看作一种外部世界和框内世界的界限，把框架之内看成是一个独立的天地，追求的是画面内部的统一、完整、和谐、均衡等视觉效果。

有意识构成的不完整的空间效果

封闭式构图的心理基础主要源于传统的构图观念。这些在严谨的美学心理支配下的摄影师要求画面有明确的内容中心和结构中心，观赏者的联想和延伸也都在画面上提供的元素中进行，摄影师对观赏者的导向性也相对的明确。

封闭式构图因此比较适合于更多地要求和谐、严谨等美感的抒情性风光、静物的拍摄题材，在一些需要表达严肃、庄重、优美、平静、稳健等感情色彩的人物、生活场面中，用内向、严谨的、均衡的封闭式构图也是有利的。

另一种构图方式就是开放式构图。摄影师把画面的框架当作"窗口"，在打开窗口的一刹那把画面内外连成一个整体来思考，仿佛画面中和画面外的一切都在流动。这种开放式的构图方式在 21 世纪初就已经开始了萌芽状态，敏感的画家很快就接受了照相机观看事物的这一独特方式，使绘画进入了一种新的状态。

在这种开放的心理状态的支配下，摄影师在安排画面中的形象元素时，着重于强化向画面外部的冲击力，强调画面内外的联系。其表现形式主要有以下几方面：一是画面中的人物视线和行为的落点常常在画面之外，暗示与画面外的某些事物有着呼应和联系；二是不讲究画面的均衡与严谨，不要求画面内的形象元素完成内容的表达，甚至有意排斥一些可能更能完整说明画面的其他元素，让观众获得更大的想象空间；三是有意在画面周围留下被切割的不完整形象，特别在近景、特写中进行大胆的不同常规的切角处理，被切掉的那一部分自然也就留下了悬念。

开放式构图显示出某种随意性，各种构成因素有一种散乱而漫不经心的感觉，似乎是回眸之间的偶然一瞥，强调现场的真实感。

开放式构图以其瞬间的回眸一瞥展开的开放性与不完整，大大拓展了摄影表现生活特征的视觉领域，也为纪实摄影的创作奠定了一个真实性的基础。同时，现代观众对摄影艺术要求"真"和"活"，把真实、自然和现场感提到首要地位来评价作品，而

前景和背景相互依存

画面中的前景也可以看作是一种新的框架

对过分刻意求工的完善和精美失去了新鲜感。现代观众正由被动的接收型转化为主动的思考型，每看到一个画面，会产生承上启下的联想和前后左右的情节流动感，看到不完整的形象会想象出它的整体。从这一意义上说，开放式构图既满足了观众的欣赏心理，也是对观众的创造力、想象力和参与能力的充分信任。

和封闭式构图方式相比，开放式构图适合于表现动作、情节、生活场景为主的题材内容，尤其在新闻摄影、纪实摄影中更能发挥其长处。数码相机灵活的构图方式以及可以随意尝试的优点，延伸了开放式构图在数码摄影中的发展空间。

主体作为画面中的主要表现对象，它往往以一个对象或是一组对象的形式出现。一幅画面一般只能有一个或一组主体，它既是内容的中心，也是画面结构的中心，因此更应是吸引观众的视觉中心点。如果视觉中心一多，视觉印象分散，主体便无法突出，主题也就难以表现了。

除了一些特写的画面将主体局部地推到人们的面前外，主体的周围还可能出现一些次要的表现对象——陪体。陪体作为被摄对象中的次要表现对象，是为了衬托主体，丰富画面的语言结构。主体和陪体是主次关系，在处理陪体时，切不可主次不分，喧宾夺主，使人无法理解画面的真正含义。

主体与陪体的关系并非是绝对的，它们在一定的条件下可以相互转化，这主要取决于拍摄者对主题的理解以及对画面形式的处理需要。如果我们能打破习惯的思维方式，大胆处理主体与陪体的相互关系，也许能令人耳目一新。

从技术手段上看，首先应该突出主体这一视觉中心。要尽可能运用各种艺术手法来达到这一目的，比如运用虚实、大小、动静、明暗、远近、冷暖等对比手段，使主体形象更充实、更丰富，更加生动鲜明。同时，在突出主体时也不能忘记陪体的作用。尽管一幅画面有时可以只有主体而不出现陪体，但一旦陪体的出现能起到深化画面内容的作用时，就必须选择合适的方式加以表现。

在有的画面中，主体内容是以多景物组成的整体来体现的，或是其轮廓鲜明，或是其色调突出，再就是其地位有利等等，使其在景物中具有呼前拥后、照顾全局的能力，使画面趋于统一。

前景与背景是相对主体景物而言的。因为在一幅摄影作品中，有时可以没有前景，主体景物就充当了前景的角色。而在更多的情况下，为了描绘主体景物所处的环境特点，或是对画面起到装饰和美化的作用，就必须在主体景物前面再安排一些景物，这就是前景。

就一幅摄影作品而言，除了充满整个画面的特写之外，它是不会没有背景的，即使是空白也是一种背景语言。这就界定了这样一个关系，当画面中不出现陪体时，它还有可能会有背景的存在。

选择前景，首先是要选择那些能对主体产生说明、陪衬和深化主题作用的景物。但是由于前景处在视觉的最前面的位置上，如果前景很清晰，不但不能突出主体，反而削弱了主体的表现能力。因此，前景求虚，目的就是要求在既能表现前景的语言作用的同时，又尽量不使它分散了观看的注意力。

同时，最常见的心理构成方式就是利用前景来"再搭框架"。所谓"再搭框架"，就是在照片原有的四条边框之内再利用前景物体"搭出"一个新的框架，拉近观赏者，使他们有一种身临其境的"错觉"，缩短观赏者与画面的心理距离。"再搭框架"还有另外一个作用是通过前景构成的装饰性效果，产生一种庄重优雅的视觉美感。特别要注意的是，"再搭框架"的前景物体在影调的深浅、形象的虚实上一定要与主体形成对比关系，否则不但不能突出主体，反而容易分散观赏者对主体的注意力。

在前景中拍入一些树干、枝叶、窗框、栏杆甚至虚化的人影等等，让这些景

竖构图的空间指向非常明确

物布满四边或占据画面的一两条边，通过前景与主体的大小、深浅、虚实等关系对比，增强画面的空间透视感。

合适的背景包括下面几个方面：一是尽可能保留一些能点化主体所处环境的富有特征的形象，从内容上能更好地为深化主题服务；二是尽可能排除那些可有可无的杂乱景物，以免主体被背景中的杂乱线条所割裂，或是被无关紧要的景物分散了注意力。

在构图的视觉心理中，还有一个画面的格局和比例的问题——除了正方形以外，总体不外乎趋向于垂直趋向于横向两类长方形，其关键是在拍摄时正确作出横向或竖向的选择，确定整体的格局，以便在后期做少量的调整就能最终完成构图。

垂直的画面一方面可以表现树木、建筑、高塔等高大垂直的物体，另一方面，在直幅画面的上下方安排一些呈对角线的物体，就会给人的视觉和心理带来高亢、飞升的感受，并通过仰看产生一种崇高的情感；如果站在高处向下俯拍时，地面上的景物在画面上是由下向上展开的，很像中国画的立轴山水，使人产生一种博大的胸怀。

垂直构图除了能有利于展示垂直高大的事物特征以外，还能体现人类开拓向上的意志和向往。

横向构图与人的本能视野有关，宽阔的地平线依次展开事物横向的排列，各种水平的横向联系能舒心自如地向两边产生辐射的趋势，特别能满足人的双眼"左顾右盼"的视野的需求。横幅构图还有利于表现物体的运动趋势，包括使静止的景物产生流动的节奏美。比如桂林山水的起伏延伸、高楼群体的错落有致等等。

正方形构图能满足旋转动势的需求，有时能解决垂直与水平两个方向的矛盾。在电影发展的初期，著名的电影专家爱森斯坦甚至提出把电影银幕定为正方形，认为正方形可以把横宽和纵深两个方向包括进去，是最理想的画面。

说到更宽阔的横向心理场，现代摄影中的超长比例的画面也逐渐多了起来，特别是长与宽比例悬殊的横幅构图，加强了对角线的斜线的优势，对于表达动感和纵深空间感是十分有利的。

画家有足够的时间考虑构图比例的重组，甚至在绘画的过程中推倒重来。而摄影师对构图的把握往往是在极其短暂的瞬间里完成的，是横是竖容不得你有半点的犹豫。加上数码传感器的面积非常有限，一旦横与竖的格局决定后，再想通过后期的大面积剪裁改变它往往会得不偿失。这就要求摄影师对构图的横与直的把握有非常敏捷的处理能力。

摄影的构图还会受到习惯性横执相机的影响，包括平时看到的电视和电影都是横构图，举起照相机时也是横构图要比竖构图来得舒服，因此大多数人拍照时都喜欢使用横构图的形式，而不管画面中是否有直构图的需要。甚至几十张画面拍下来，竟会没有一张是直构图，这就非常遗憾了。

许多著名的摄影家都把直构图作为一种基本功对初学者进行强化训练，目的就是培养他们对构图的全方位控制能力。

Tips

间隔变焦技法

间隔变焦的推移效果也能产生有趣的动感。其方法是在全黑的环境下，打开 B 门，对主体短暂曝光后，再数次改变镜头焦距（甚至可以改变不同的拍摄距离），每改变一次，都对主体曝光一次，这样画面上就有主体由大到小的数个影像。它和连续摄影所产生的心理动态感受一样，使观众在欣赏的过程中产生较强的视觉动感联想力。

6. 各种闪光技法

为了方便拍摄，数码相机往往都内置了小型闪光灯，这些内藏式闪光灯有许多种模式可以选择，常见的有自动闪光、强制闪光、减轻红眼闪光以及取消闪光等。

在一般的拍摄条件下，我们可以选择自动闪光，而

不同功率的闪光灯拍摄范围比较

后帘同步闪光的独特效果

自动闪光都是根据闪光的反光来控制输出光量的，也就是当电眼接收到较强的反光时，就会自动减少光量的输出，反之就会增加光量的输出，并且是以一般物体的平均亮度为标准的。但是如果盲目使用自动闪光灯的自动功能，有时会产生曝光失误。其实大部分数码相机的闪光灯设置中都考虑到了这一因素，简单的数码相机闪光设置可以分为弱闪光、正常闪光和强闪光等三档，高级的数码相机则可以手动调整闪光的输出量，以配合自动闪光功能得到比较理想的结果。

当遇到拍摄环境是白色的或反光很强的背景时，应该选择强闪光这一档，或者人工加大闪光的输出量，以补偿曝光不足的可能。相反，遇上非常深暗的黑背景时，或是在夜色中人物主体后面是很空旷的背景，就应该选择弱闪光这一档，或者人工减少闪光的输出量，以防闪光曝光过度。

强制闪光也是内置闪光灯的闪光模式之一，一旦选择了这一模式，在任何光照条件下照相机都启动闪光，可以使闪光灯成为主光源，也可以作为辅助光源使用。最常用的场合就是在室外光线充足的环境中，面对逆光或侧光比较大的拍摄对象时使用，以弥补光线反差对比。

在自然光下如果不选择强制闪光功能，照相机很可能会根据测光的结果，认为光线足够，不再自动启动闪光灯。过大的缺陷。

减轻红眼闪光是比较常用的闪光功能之一，是在低照明条件下拍摄人物或动物时，为避免其视网膜反射光线而采用的闪光模式。其通常是在主闪光前先预闪光，使被摄对象的眼睛瞳孔收缩，从而使正式闪光时眼球中间不会出现太难堪的红色光斑。

在使用减轻红眼闪光模式时最好事先和被摄者打个招呼，告诉对方第二次闪光时才是正式拍摄。否则被摄者很容易在第一次闪光之后认为拍摄已经完成，造成第二次正式闪光拍摄的失误。

当然，有时候在一些光线比较弱的拍摄环境中，不想启动闪光灯干扰被拍摄的对象，或者只需要利用现场光线使用较慢的快门速度拍摄时，可以选择取消闪光的模式，避免闪光灯不合时宜地闪亮。

此外，一些高档的数码相机还具备后帘同步闪光功能，在长时间曝光结合闪光时，闪光的触发时间是在快门即将关闭之前，而不是普通的前帘同步模式在快门刚刚释放时就触发闪光。这样的好处是慢速快门所留下的模糊影子位于清晰的闪光主体之后，比较真实，也使画面显得更为专业。

说起闪光灯，一般的拍摄者常常会有一种误解，以为闪光的光源只在弱暗的光线下如夜间、室内等场合单独使用。其实闪光灯是一种很有用的辅助光源，善于利用好闪光灯能大大丰富摄影用光的语言气氛，获得事半功倍的效果。

这里以数码相机感光度 ISO100 为例介绍用闪光灯的逆光补光方法。

首先要测出（或估计出）阳光下背景的曝光组合，比如 f/16，1/60秒，装上闪光灯，并以闪光灯的闪光功率指数（假设为 16 ）除以选定的光圈系数，即 16（指数）÷16（光圈）=1（米）。这时在1米处用闪光灯拍摄主体人物，曝光量正好，只是这样直接拍摄，闪光可能会冲淡阳光的逆光效果，并会造成光源方向的不统一。正确的方法是让人物距离照相机 1.5 米左右，使闪光的效果较为弱些，就能达到既有逆光效果，又有暗部层次的最佳效果。有时因为构图的需要，想让人物走近些，使人物形

Tips

拍摄好照片的三招

第1招：让你的照片具备一个鲜明清晰的主题（是人、是静物还是一件事？），你需要清晰地表达出来，而不是模棱两可或面面俱到。第2招：一幅好照片必须把注意力引向被摄主体，你需要观众一下子注意到你的主体，因为这个主体是你要表达的核心。第3招：让你的照片更简洁，那些不能烘托你主体、甚至分散注意力的元素要统统压缩或排除。

自然光环境中使用闪光灯补光

象大些，则可以在闪光灯上蒙上一层或两层白手帕（视距离的远近和补光的强弱而定），减弱闪光，达到近距离补光的作用。

在晴天拍摄逆光下的人与景物，或是侧光的人物，可以用闪光灯对人物或景物进行补光。因为闪光灯携带方便，它的色温与阳光的色温接近，既能改善画面的影调，又能获得更为满意的色彩效果。

一些中高档的数码相机设定了闪光灯最高快门速度的限制功能，不管是使用内置的机顶闪光灯，还是外置的闪光灯，一旦快门速度超出了闪光同步的要求，照相机就会自动将快门速度降低到限定线以下，这时候往往就会出现现场光线曝光过度的可能。解决的方法是：缩小光圈，减少现场光的进光量，然后靠近被拍摄的人物或景物，加大闪光的力度，使现场光和闪光灯的闪光达到新的平衡。

闪光灯和现场光结合的例子

闪光灯和灯光还可以结合在一起使用，以产生独特的光线造型效果。两种光源的发光持续时间不同，有利于营造出出人意料的动态画面效果。比如影室强光灯需要比较长的曝光时间，动体可能会在画面中虚化，使平面的二维空间产生第三维的时间流动印象，突破了单幅的摄影画面难以表现时间流程的局限。闪光灯则对捕捉、凝固瞬间的影像有利，只要抓取的瞬间能典型地反映动体运动过程中最富特征的某一点，就能精确地向人们描述肉眼所无法清晰获得的瞬间形象。那么，当我们在比较暗的背景中同时使用影室强光灯和闪光灯，并选择比较慢的快门速度时，就会出现既有瞬间的凝固影像，又有虚化的流动感觉的画面，大大丰富了光线的描述作用。

Kasi Metcalfe 摄

频闪闪光的连续记录功能非常强大

在拍摄光照微弱的夜景时，可以将照相机放在 B 门的位置上，让闪光灯对需要的景物依次闪亮。如果要照亮的物体比较多，或面积比较大时，可以使用多架闪光灯，轮流进行照明，这样可以缩短每次闪光的间隔时间，迅速完成需要的照明。甚至还可以将多个闪光灯装上不同颜色的滤色片，分别对不同的景物进行色光照明。

7. 现场光摄影技法

我们先来看一下室内现场光摄影的定义：在室内，只利用拍摄现场的现成光源（包括进入室内的漫射的日光），而不使用外加的闪光灯和可控制的人工光源。具体来说，这些可以使用的光源包括白天室内的自然光、普通的家用灯光、舞台上演出造型用的光源、室内体育比赛的灯光、烛光等等。

现场光的光源一般比较弱，同时光源也少，方向单一，因此物体的造型特征表现为反差大，立体感强烈，而且大多为低调效果，深沉而有力度。当室内的光源不是一个而是多个时，如室内的竞技比赛、舞台演出等，来自不同角度的固定灯光随着拍摄者和被摄体的移动会产生千变万化的造型效果。主要原因是在各个光源都具有同样亮度的情况下，主体离哪个光源近，光照就强烈，也就成为主光，远的光源自然就成为辅光，关键就看拍摄者的发现和需要了。

由于现场光源的单一，在逆光的情况下，很容易使主体的造型成剪影的效果。如果增加曝光多表现一些暗部细节，强光部分就会曝光过度，形成一种由亮部向暗部渗透的晕光效果，丰富了画面的造型语言。

首先是现场光可以给画面带来真实感和不同的艺术情调。现场光照明的

弱暗光线下稳定照相机的一些方式

55

现场光的拍摄重点考虑高光部分的表现力

光线尽管有限，不完美，但会给人一种看到被摄对象本来面目的真实感。现场光吸引人的第二个原因是方便了拍摄者的创意发挥。利用现场光拍摄，可以摆脱各种灯光设备，自由移动，选择不同的角度和位置。现场光的第三个好处是容易使被摄者放松，获得自然的艺术情态。当利用现场光进行抓拍时，不会惊动被摄者。

在拍摄舞台演出或运动比赛时，使用闪光灯容易干扰演出或比赛，利用现场光就不存在这样的问题了。

现场光的独特魅力也给拍摄带来一定的困难，这主要是由于现场光比较弱，而拍摄时为了移动抓拍，捕捉最佳瞬间，摄影师又经常是手持照相机进行拍摄的，这就需要掌握一些特殊的技巧，否则就容易因快门速度太低，手持相机不稳而造成拍摄失败。

利用现场光时尽可能只保留高光的造型效果，宁可损失暗部细节，以便获得足够的快门速度持稳照相机。在条件许可的情况下，尽可能选用数码相机的高感光度（尽管可能会损失一些色彩层次，并会产生干扰画面的噪点），以便提高快门速度。拍摄时倚住墙或椅子，尽可能使身体保持稳定，按动快门时调整呼吸，并捕捉对象相对稳定的瞬间。一般情况下，小型一体化数码相机传感器面积比较小，容易产生噪点，因此感光度一般提高到ISO400为宜，太高的话，噪点对画面的干扰比较大。传感器面积较大的数码单反相机，也以ISO1600以内为好，除非万不得已，不要提得太高。

现场光拍摄主要以传递现场氛围为主

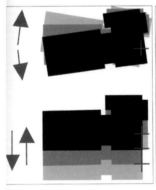

镜头影像稳定器的工作原理

还有就是从器材的选择上尽可能使用大口径的定焦镜头，以便有可能开足光圈提高快门速度，并能通过大光圈小景深模糊不必要的细节。变焦镜头口径小，成像素质也相对差些，使用时更要小心。

一些高档的数码单反相机设置了降噪功能，有效消除因为高感光度所带来的噪点，值得推荐使用。但是启用降噪功能之后，照相机会花费一些时间进行处理，因此画面的保存会延迟数秒钟，影响下一张画面的拍摄速度。

在降低快门速度在现场光拍摄时，为了防止抖动，可以选择带防抖功能的数码相机，使在较低的快门速度下也能拍摄到比较清晰的画面。以往的防抖技术主要集中在镜头上，专门为单反相机设计的光学防抖镜头价格昂贵，无法普及。如今一些小型一体化数码相机具备了光学防抖功能，具有相当的实际效用。尤其是一些超薄的卡片式数码相机，由于机身太小，拍摄时很容易抖动，有了光学防抖功能，能有效改善画面的素质。这一功能在现场光的拍摄场合是非常适用的。

此外，由柯尼卡—美能达公司首创的防抖动技术——AS防抖动技术，区别于镜头防抖动技术，主要通过CCD的补偿移动，避免拍摄时因抖动而形成的模糊。实践证明：它可以相对降低2~3档快门速度获得清晰的影像，对于现场光的拍摄来说是一个福音。

用于单反相机上的AS防抖技术，解决了镜头的兼容性问题，以往不具有防抖功能的镜头，装在具有AS防抖技术的机身上，也就具有了防抖效果，大大降低了使用成本，值得推荐。

名家案例之三：关于构图的辩证法

美国著名摄影家麦克纳利对摄影构图的辩证法颇有心得——

这里所说的构图，是一种综合性的、每时每刻、呈现在所有画面中的东西。甚至是你只使用小型的袖珍数码相机或者手机，也可以从中感受到的东西。这里只是一些对你来说有益的建议，因为不管什么时候你举起相机，不管是好的光线还是糟糕的光线，不管是在日出还是日落，对准人物还是风景，实际上你已经在构图了。是的，你可以在后期的PS中重新剪裁，但是剪裁并非万能。这就像是庖丁解牛，需要在一瞬间落刀精确。这时候的构图，就是一个全面综合的考虑过程。

以我来看，构图无所不在。首先取决于你在框架中放什么不放什么。构图源于你在哪里安放照相机，以及哪些东西进入了你的镜头。这就是视点。这也决定了你观看世界的方式，从而决定了你选择拍摄哪一类的照片。

如今，数码摄影的缩略图储存在我的电脑中。你可以找到当时拍摄的所有线索，你所看到的，你所拍摄的。你也可以从中推断出你的变化空间。你甚至可以看到你的构图方式的演变过程，直接在屏幕上呈现。你可以审视你的选择。哪些画面是随意的、疏忽的，哪些是精准的，直击要害的。有时候你可以重新对一些画面进行剪裁——但是是否对得起曾经的"像素"？或者就任其自然？

但是有一点必须记住，后期的剪裁不是万能的。比如，当一个人头顶上"长"出一棵树的时候，面对屏幕你可能就会显得很无奈。

是的，我早先说过，构图"这是一个没有规则的游戏"，同时"规则也就意味着被打破"。如今我们却要进入一个"构图规则"的空间。这又为什么？其实，图片制作仍然具有几个原则，或指导方针，这是一次又一次凭借感觉的最终积累。就像是告诉你晚上花上八小时睡眠，这是聪明也是可靠的建议。八个小时睡眠之后，你会得到更为充沛的精力，远胜过打破规律八小时无节制地运动所达到的效果。同样，如果你遵从一些构图的基本规律，对于获得更好的照片也是利大于弊的。

比如，少经常意味着多。当你将大量的元素放入构图，给人一上来的感觉就像是纷乱的拼图。一般情况下，你不希望观众和你玩迷宫的游戏。画框内越是纷繁复杂，就越是难以破解。甚至这时候使用三分法也难以让你决定所有元素的安放之处。

记住你无法讲述你的照片，你不可能在每一个观众的耳边喃喃低语，告诉他们画框中什么是趣味点所在。你的照片自身已经讲述了一切，一旦你创造了它们，它们就活在了自身的世界中。

好的构图实际上就是诱惑观众进入你的画面来——

Tips

照相机的定位

很少有摄影者会对相机的摆放位置给予充分的考虑，其实相机只有在精确的定位下才有可能产生好的构图。在任何既定的视角中，有必要确定机位应该靠左还是靠右，靠前还是靠后，稍高还是稍低。所有这一切都会影响场景中各被摄对象间的关系，明显的比例以及是否在有效的景深范围之内。

57

名家案例——麦克纳利作品01

名家案例——麦克纳利作品 02

名家案例——麦克纳利作品 03

次视觉的冒险。不管你是面对一个世俗平凡的瞬间，还是激动人心的、充满冒险的世界，你都应该恰如其分地记录它们。因为你的观众并没有跟你进入这片视觉的"雨林"，因此不足以感受到你对这个世界的热情。如果通过合适的方式精确构图，你就有可能让观众进入身临其境的领域。

我所提及的综合构图规则，千万不要将其当作死板的规则。尽管这些规律对于你的拍摄来说具有相当的重要性，或者说肯定是有帮助的，但是也必须灵活运用，不要死搬照抄。尤其有时候在拍摄时想得太多，有太多的清规戒律，很可能会错失良机。

？思考练习

- 1.景深控制是摄影中重要的一环，其中的要点有哪些？

  2.如何通过对快门速度的控制完成时间在影像中的呈现？

  3.瞬间的抓拍有多种方式，说明不同抓拍手段的针对性。

  4.数码摄影的色彩控制相对传统摄影的控制有哪些区别？

  5.摄影构图和一般的绘画构图有哪些相同点和差异点？

  6.在弱光环境下，请比较使用闪光灯和利用现场光拍摄的优劣。

四、专题之一 ——人像摄影

照相机面对芸芸众生，是摄影的最大乐趣之一。人像摄影中的关键，也许并不在于使用什么样的照相机，而在于如何和被摄对象沟通，合理地运用光线和捕抓精彩的瞬间。但是，如果能将数码相机的使用要点灵活贯通其中，人像摄影也将在你面前展开无限的可能。

目的 —— 将数码相机的使用要点灵活贯通人像摄影之中，从而面对芸芸众生，享受摄影的最大乐趣之一。

重点 —— 关键并不在于使用什么样的照相机，而在于如何和被摄对象沟通，合理地运用光线和捕抓精彩的瞬间。

课时 ——8课时

1. 造型的选择

在拍摄人像之前，可以先设置一下数码相机的一些参数，比如选择标准或偏低的反差，标准或偏高些的色彩饱和度，中等锐度，也就是在相应的设置中向"一"的方向调节，以便获得相对柔和的肖像作品，较好地表现肤色。

当人物在照相机前表现一个动作时，不管他的动作是自然的流露，还是人为的设计，照相机快门捕捉到总是某一瞬间的身体造型，包括脸部的角度、身体的姿势、四肢的摆放以及与周围环境的默契。离开了对人物外表造型和姿势的刻画，进入人的心灵也就成了一句空话。

从人像摄影的造型分类上来说，头像最宜于表达人物的表情和脸部质感，半身像最宜于表现人物的性格和姿势。全身人像的最大优点是能让人物与周围的环境构成有机的联系，便于营造画面的情调与气氛。

脸部的基本角度可以分为正面、四分之三侧面和正侧面三种。正面像容易显得呆板，不太容易控制。如果让脸往左或是往右侧一些，让一边的耳朵刚好看不到为止，就是摄影中最常见的四分之三侧面像。这时既能比较全面地表现一个人的形象，又因脸部的大小变化而显得较为生动。由于受发型和其他因素的影响，向左还是向右转，对造型效果也会产生变化。正侧面肖像有一种戏剧性的效果，由于人们平时看不到自己的正侧面，所以会对自己的正侧面像感到新奇，也容易感到失望。特别是一般人的正侧面像并不很美，拍摄时的选择就应该比较慎重。

正面像也有一定优势，容易描绘那双沟通心灵的眼睛。如果被拍摄的对象有一张椭圆形匀称的脸，正面像也能获得满意的造型效果。

此外，人脸的俯仰角度也很有讲究。头稍微俯低些，适合于脸型比较胖的人，使脸型变得瘦些，也容易产生相对温顺、柔情的造型效果。头稍微仰高些，适合于脸型比较瘦的人，使脸型变得胖些，同时能表现一种高傲感，或者给人以坚强自信的印象。在拍摄人物特写肖像时，如果不注意，人像会形成不太舒服的变形，主要原因就是因为透视的关系近距离放大了面部的某些特征，比如鼻子、前额等，和视觉习惯产生了距离。一般情况下不建议使用广角镜头拍摄脸部特写，除非有意形成夸张的幽默效果。在拍摄特写时，尽可能选择半侧面或侧面的角度，这样易使前后透视的关系不容易察觉，或者即便有透视，也显得比较容易接受，而正面的大特写很容易产生比较明显的透视变形。如果镜头或者拍摄现场不具备以上的条件，则可以拍摄半身以上的画面，并且将脸部尽可能放在画面的中央(放在边缘也容易产生变形)，然后通过后期的剪裁，获得充满构图的满画幅的特写肖像，这时候变形的可能就会减少到最低的限度。尽管

正面的脸部特写具有端庄的韵味

全身的造型要求富有动感

手的表现力也是很有趣的

一些专业的数码处理软件可以在后期纠正变形效果，但是千万不要对此抱有幻想。主要是因为脸部的扭曲变形在后期的纠正难度非常高，不是高手难以得到满意的修复结果。

要想避免肖像特写变形，主要应注意这样一些方面：使用较长焦距的镜头，尤其是使用普通变焦镜头时，尽可能选择最长焦距的一端，比如80mm以上的焦距，人脸的透视效果就会看上去比较正常。

在拍摄全身人物画面时，记住一个有用的原则：头部和身体不要形成一条直线，也就是当身体正面对着镜头时，头部应稍微向左右转一些，而当双眼正视镜头时，让双肩转动一定的角度，或是让双肩上下倾斜些，这样会使画面更富有动感。比如拍摄一张坐着的半身像，不妨让人物成45°或是90°地侧坐，然后让上身转向镜头，通过扭动产生理想的曲线。

全身的人像应该避免正面的站立姿势，同时对两条腿的重心支撑也要有所侧重。同时利用一些道具，会使整个造型更为自然。

在人物的姿势中千万不要忽略手的安排。手的变化既可以强化人物的神情，也可以起到装饰画面的作用。在以人脸为主的肖像中，手可以放在脸的边上，或轻托，或斜倚，但与脸部的接触不要太用力，避免脸部的变形。在半身和全身像中，可以让手抱在胸前，让手扬起掠开头发，或者轻抵下颚，也可以拿些小的道具，活泼画面。

手之善于表达感情仅次于眼，可以将其传情达意的功能用到极致。注意画面中手的造型，与人物相为呼应，起到较好的传递情感的作用。

2. 光线的作用

用光也是人像摄影中的一个重要因素。比起风光摄影的用光来说，人像摄影的用光较为自由。

尽管正面光比较平，很难凸现立体的脸型，但正面光对色彩的还原比较有利，特别是带来了人的皮肤光洁的优点，更多地受到女性的欢迎。有经验的摄影师在运用正面光拍摄女性肖像时，常将主灯的位置放高一些，使正面人物的眉骨和鼻子底下产生小的投影，既利用了正面光来掩饰人脸的皮肤缺点，也因投影产生了有效的立体感。这种被称之为蝶形布光的方法在女性摄影中非常流行。

在实际的拍摄时要注意，蝶形布光法不适合脸型太瘦或是颧骨太高的女性，否则容易使人脸变得更瘦。

45°的前侧光既有一定的照明面积，也使人脸有了凹凸的立体感，层次、影调、线条轮廓等都更为丰富。如果人脸成四分之三的侧面，光线从另一面照向人脸，使四分之一脸的全部和四分之三脸的局部照亮，这就形成了典型的伦伯朗用光法。绘画大师伦伯朗早在几百年以前就运用这种光线，加上深色的背景，使人物熠熠生辉。伦伯朗用光法较多地用于男性形象的摄影中，表现一种刚毅有力的气质。

需要的话，在侧面光的使用过程中，可以略微对暗部加一些补光，丰富暗部细节的表现力。

人像摄影中还经常使用逆光让人物与背景分离。强烈的逆光可以将人物的脸型和变化多姿的发型勾勒出生动的轮廓线，将人物推到了观众的面前。逆光作为主光使用时人脸往往比较暗，因此通常需要补光，但是补光的亮度不要太强，以免冲淡了逆光的效果，也破坏了逆光含蓄的力量感。

逆光下的人物因为有了比较暗的背景陪衬，产生了较好的空间感。拍摄前方正好有一些反光体，因此对暗部起到了些微的补光作用。

侧面的光照较富有力度感

61

逆光下的人像颇具神秘的韵味　　　　散射光的表现力比较出色

Tips

让对象更自然

　　著名摄影师约翰·洛恩加德说："当我拍什么人的时候，我总是想回避他们那种自己在被拍摄的样子。"显然，在拍摄中人物放松是很重要的。人物放松的时候才会更自然地流露情感，如果不是抓拍（或偷拍），生活中的人物在面对镜头时通常很别扭（不自然），这需要沟通，让他／她忘记拍摄。

　　进行室内人像的拍摄时，可以自己准备一些光源，比如找几个灯架，装上 300 ~ 500 W 的灯泡，加上反光罩，就能方便地在室内营造各种光线的气氛，拍出较理想的人像照片。这时候需要将数码相机的色温调节到灯光的白平衡位置，以便获得准确的色彩还原效果。自动白平衡面对色温差异如此大的光源，往往有校正的力度有限，无法满足色彩还原的需求。

　　在室外拍摄人像时，上午 9 ~ 10 点、下午 3 ~ 4 点是最为理想的时机，人物可以通过转动身体或脸部，获得所需要的光照效果。

　　还要注意摄影用光的质感，也就是要区别直射光和散射光。摄影室中的聚光灯和室外强烈的阳光都是直射光，它的造型质感充满了力度，特别适合于拍摄男性和老人，并通过逆光和侧逆光形成厚重的造型效果。而加上了柔光罩、反光伞的影室灯后，或者多云天气的室外光线则是散射光，它的过渡细腻、层次柔和，特别适合拍摄女性和儿童，使画面显得轻盈宁静。

　　自然中多云的天气，往往是拍摄人像最佳的选择。画面中柔和的光照加上环境光线的反射，使人像的效果非常理想。

3. 调性的营造

　　由于人像摄影主要是由人物的脸部或者包括身体造型在内的整体结构完成的，画面往往比较简洁，因此容易在有目的的布光环境下，整体上可以构成一定的影调结构。

　　中间调是以中灰色调为主调，辅之以适量的白色和黑色完成的。我们经常看到的人像画面多是中间调，它和肤色的调性比较接近。中间调的色调丰富，色调转变缓慢，反差较小，调子柔和。其调性语言是素洁、柔润、宁静。在拍摄时，中间调的用光要求光比自然，明部和暗部之间的光比大约为 1:3。光比太小，影调偏高，缺少高光层次；光比太大，影调偏低，缺少暗部质感。最重要的是，中间影调的画面中最好需要少量的黑影调和白影调进行对比、陪衬，否则在一味追求细腻过渡的过程中，会使画面失之单调，缺乏生气。尽管就数码相机的色彩还原效果来说，中间调是最容易控制的影调，但是过多的中间色调难以营造强烈的个性，一不小心就会陷入"平庸"的陷阱。而一些优秀的摄影作品往往舍弃中间调，走向调性的两个极端，也就是高调或低调，从而更好地发挥调性的力量，避免平庸。

　　色彩由黑、白、灰三大等级或者是从深色到浅色的不同阶调所组成，将这些递变的阶调以递变的顺序排列起来，就形成了影调级谱。当一种影调等级在画面上占主导优势时，比如中间调，画面的影调结构就会形成统一、和谐的整体。

　　高调又成为"明调"或者"亮调"，它的基本影调为白色和浅淡颜色，可以占画面的 80% 甚至 90% 以上，给人以明朗纯净、清秀之感。高调常适合表现人像摄影中的女性和儿童等，充分传达洁净的氛围，表达柔情

中间调的人像一般来自日常生活

似水的特征。在拍摄高调的画面时，除了选择浅色调的脸部肤色为主，包括服饰和背景都应该是浅色调之外，正面光或散射光也是产生高调的用光基础。使用比如多云或阴天的自然光，或者是影室中加上柔光材料的照明灯等等，从而通过很小的光比，尽量减少人物的阴影，形成以大面积白色和浅灰为主的基调。但是有一点是必须强调的，画面中除了大面积的白色和浅灰外，还必须保留少量有力的黑色，这些黑色主要是人物的眉毛、眼睛以及头发的部位。这些黑色既能使之成为画面的视觉中心，又可避免因为缺少黑色而容易产生的苍白无力感。

高调给人以明快的艺术感

由于数码影像的宽容度相对较小，拍摄高调画面需要防止曝光过度，造成亮部缺乏细节。一些极端的高调画面，可以通过后期的处理进行调整。

低调又称为"暗调"，它的基本影为黑色和深灰，可以占画面的70%以上，给人以凝重庄严和含蓄神秘的感觉，有较为强烈的冲击力。低调多用在人像摄影中的老人和男性上，以强调神秘的气氛和成熟的气息。

和高调相反的是，低调要求光线的光比大些，尤其是逆光和侧逆光是低调的理想光源角度。这些光线不仅可以将人物暗部隐没在黑暗中，同时可以勾勒出的人物的主要轮廓，通过"惜光如金"地用光，充分完成画面的低调结构语言。勾勒轮廓的光照外，还可以利用一些局部的高光，如眼神光等等，以其少量的白色使画面在总体的深暗色氛围下呈现生机，避免低调画面常常过于灰暗无神的弱点。在数码影像中，如果以曝光不足的方式获得低调，很可能会损失一些重要的细节。或者说会使低调缺乏相应力度。这是因为一般数码影像的宽容度都不如胶片。

低调蕴含着深沉的力量

在创造低调画面的数码照片时，除了遵循低调的布光原则外，最好曝光略微充足一些，然后在后期的电脑处理时，再作相应的调整，效果可能会更理想些。

如果说高调照片犹如乐师手中小提琴的飘逸，使人轻松的话，那么低调照片恰似大提琴手的低音浑厚，让人坠入沉思的意境。因此在测光时要注意，高调需要根据测光数据增加一些曝光，低调则相反。也可以根据直方图判断，高调偏右，低调偏左。

画面的影调之所以给人以不同的感受，主要是"视错觉"在起作用。人们的视觉生理习惯对白色光敏感，对黑色感觉比较迟钝。所以，调子深的画面总比调子浅的画面显得重些，黑白分明的画面就显得醒目而黑白反差小的就显得柔和。

把握"视错觉"的基本规律，可以抓住观众的心理感受特征，通过影调直达观众的心理。

4. 心理与细节处理

人像摄影的最大挑战不是技巧的运用，而是要懂得被拍摄对象的心理，通过捕捉人物姿态与表情，充分表现他们的个性。由于镜头中的对象大都不是专业的演员，所以如果不经过有效的引导，就可能得到一张呆板造作或千人一面的人像照片。而人像心理的体现，常常和许多细节的处理相关。

比如，要使被摄人物去掉拘谨的神色，关键是要分散被摄者的注意力，使之忘记自己是在拍照，而流露出真情来。即使看到你不喜欢的姿态与神情，也不要急于直接纠正，否则容易弄巧成拙。应在不断鼓励的过程中逐步加以引导，并且利用数码相机的优势多拍摄几张，消除陌生感。在引导的过程中还可以找一些共同的话题来聊，一

Tips

初生婴儿摄影

中距离拍摄妈妈手托婴儿洗澡，特写婴儿在肥皂泡沫中；中距离拍摄婴儿色在浴中呢。还可以让婴儿躺在铺了白色或浅色羊毛毯的地板上，从上向下俯拍，形成简洁的高调气氛。如果婴儿离不开母亲的怀抱，可在坐着的母亲膝盖上放一块大的毯子，婴儿躺在毯子上，母亲用双手在毯子下面托着，婴儿就有了安全感，画面也很简洁。

面对面的遭遇需要准确的时机把握

回眸一笑百媚生——眼神的捕捉

旦被摄者的神情专注于你的话题时，最佳的拍摄时机也就到了。在使用数码相机拍摄时，有一个小窍门可以提供给大家参考，这就是充分利用数码相机即拍即得的优势，边拍边将拍好的画面回放给被摄者看，分析好在什么地方，不足之处在哪里。通过随时沟通的方式，一方面可以提高被摄者的信心，同时也可以消除拘谨的氛围。

在表现眼神时，有一个小窍门对表现女性的魅态也许是有用的。那就是当被摄者的脸部向右（或向左）侧转时，引导他们的眼神转向相反的左前方（或右前方），当头略低垂时（或略高抬时），引导他们的眼神略向上方（或略向下方）注视，采用这样的相反凝视的方式能使人物平添几分妩媚。

人物神情的捕捉常常牵涉到嘴的表现力，也就是笑与不笑的问题。如果在拍摄时一味地要求被摄者"笑一笑，再笑一笑"，其结果往往是似笑非笑，失去了个性的特征。我们不排除所有的笑，但首先应该追求的是常态的美。只要放松自然，真情流露，笑与不笑就都是次要的了。

应在人物的自然活动过程中抓取人物的表情，以获得真情实感。至于笑与不笑，完全可以根据拍摄瞬间而定。

身体的姿势、造型也能够用以传达神情，比如当人物坐着，身体微微前倾时，往往会给人亲切随和的感觉，这时可以诱导人物露出轻松的微笑。反之，当人物微微后仰时，通常会给人冷漠或倨傲的印象，这时不妨让人物明白自己所处的角色位置，增强他们对自身造型效果的信心，冷傲的表情就可能自然流露。

记住加拿大著名的人像摄影家卡希的这段话："人物内在的思想、精神和灵魂，有时会在一瞬间通过他的眼睛、双手和体态表现出来——这就是需要紧紧抓住的、稍纵即逝的最重要的瞬间。"

5. 室外肖像

除了前面介绍的一些基本技巧之外，室外肖像相对室内肖像还有一定的难度，主要在于环境比较杂乱，光线比较单一。但是如果合理运用一些控制方式，还是能够很快找到感觉，完成不错的画面。

拍摄前应该观察背景。初学者在拍摄一幅肖像时，最容易犯的错误就是将所有的注意力都集中到了主体上，完全忽略了背景的存在。实际上背景的作用对于一幅完整的肖像作品绝不是可有可无的，至少它应该起到提升画面的作用，而非削弱主体的效果。最常见的问题是，观察画面中的线条或物体是否会破坏主体人物，比如人物的头顶上是否"长"出了树枝之类。一定要静下心来研究背景的成分，必要时还可以选择三脚架稳定相机。其实通过数码相机的液晶取景屏判断主体人物与背景的关系，可以很快发现问题。当然，如果液晶取景屏过小的话，也可能忽略一些细节。

如果条件许可，应该使用景深预测按钮，确认背景与主体的最终关系——因为在一般情况下，镜头始终是选择了全开的光圈，从而会造成一定的"误导"。但是像这

抓拍时人物与环境关系的把握

样的抓拍画面，一些干扰也许很难避免。

还有就是避开明亮的光斑。有一个流行的说法：光线诱惑，黑暗潜行。人的眼睛往往会被明亮的光线所吸引，因此这些强光光斑往往会分散人们对照片的注意力，影响主体人物的表现。比如选择大片浓密的树丛作为人像摄影的"光源罩"，可以使天空的光线变得柔和。问题是阳光往往会通过树丛形成闪烁的光斑，在人物主体上形成斑驳的"污点"，分散注意力。解决的方法是使用一块可折叠的大型反光板，放在树丛上挡住直射的阳光。

如果拍摄时没有反光板遮挡，就应该移动被摄者的位置，或者等被摄者出现在合适的位置，尽量避免光斑落在人物身上。

拍摄时还要注意避免直射的阳光。人们往往喜欢在阳光明媚的日子里拍摄照片，强烈的阳光可以带来活力和激情。但是在拍摄人像时，最好还是避开直射的阳光，选择逆光。这时候要留心四周，利用建筑、人行道以及其他大面积的反光体，可以获得不错的反射光源。强烈的直射光会造成浓重的阴影，在人像摄影中并不讨人喜欢，也容易让被摄者眯起眼睛，影响拍摄效果。

避开直射阳光的最好方式，就是让人物站在建筑和树丛的阴影中拍摄。同时利用周围的反光，使光线变得更为柔和。

避开强光在阴影的区域拍摄也会带来一些遗憾，这时照片缺乏所谓的"冲击力"，同时色彩平衡也难以控制。因此在强光下可以使用专业的反光板、泡沫板或者白色的硬纸板补光，使人物肖像得到不错的补充光源。恰到好处的补光不仅可以使肖像具有活力，同时还可以带来传神的眼神光。

照相机内置闪光灯的运用，往往可以使一幅普通的肖像产生吸引力。内置闪光灯是廉价却有效的工具，许多照相机还提供了防红眼的功能，不妨一试。

拍摄肖像最好使用长焦距镜头。使用长焦距镜头可以使人像更具魅力，尤其是在室外空间较为宽敞时，更应该充分利用长焦距镜头的优势。

理由之一是镜头焦距越长，视角也就越窄，这样可以使背景变得更为简洁。对于人像摄影最为基本的要求是，镜头的焦距至少应该两倍于标准镜头。也就是说，35mm 小型相机的人像摄影镜头至少在100mm 以上。当然，镜头焦距越长，越应该注意拍摄时的稳定性。

第二个理由是，长焦距镜头对于人像摄影的透视非常有利。比如使用标准镜头拍摄半身人像，由于距离人物比较近，很容易形成不太舒服的变形效果。其实透视的变化主要取决于距离，而非镜头。尝试在同一距离拍摄一幅人像，分别使用广角镜头、标准镜头以及中长焦距镜头，它们的透视效果实际上是一样的——将广角镜头的人像放大到中长焦距镜头拍摄的人像大小，去掉周围的背景，你就会相信这一点。但是这时候，广角镜头所拍摄的人像在画面的素质上就会大大降低，这是我们所不愿看到的结果。

使用长镜头还有一个好处：人们被拍摄时大多不愿意照相机靠近他们的脸。每一个人都有自己的"空间"，一旦靠得太近，总会感到不自然。离开被摄者远一些，画面就会更放松。

人像摄影的关键，往往是让观众的注意力集中到人物上。可以做这样的实验：从光圈 f/16 到光圈 f/4 为你的模特儿拍摄一系列的照片。当你将大光圈和小光圈拍摄的照片放在一起时就会发现，使用 f/4 光圈拍摄的人物是从背景前分离出来的，而使用 f/16 光圈拍摄的画面，人物是和背景融为一体的。因此除了一般的纪念照之外，最好还是选择大光圈拍摄，使人物更为突出。

屋檐下的散射光是人像摄影不错的选择

从较远的距离等待被摄者的放松

长焦距镜头从远处抓拍的虚与实

6. 生活快照

生活快照的拍摄场合，往往是在日常生活中的一些聚会、仪式、活动，可以是单人照片，也可以是集体合影。其特点是要尽可能真实地记录人物活动的情趣、特征以及周围的环境，具有纪实摄影的特征，宜生动自然而不做作。

人们摆脱了繁忙的工作，在假日里带上数码相机拍上几张生活快照，既是一种娱乐，也是一种休息。此时要记录的，不仅仅是公园里或是某个纪念物前的留影，而且要尽可能发挥观察力，从平凡又普通的生活中找到有意味的镜头。比如家人在超级市场挑选物品时的专注神态，孩子在公园草地上的嬉笑逗乐……特别是当家人、亲戚、朋友等一起尽情欢乐时，人们就会渐渐淡忘了照相机的存在，为你的抓拍提供了有利的条件。当你抓拍到了人与人之间的交流，生动的表情，夸张的手势，无拘无束的大笑时，一定会让被摄者享受到一份意想不到的惊喜。

数码相机无处不在的方便性和快捷性，为生活快照的拍摄提供了很大的便利。充分利用数码技术的这一优势，尽情享受生活的乐趣，即便是在工作中的场景，也可以拍摄出浓浓的人情味。

生活快照也包括一些组织、摆布后的抓拍，也就是摆中有抓。比如拍摄一家团圆的合影照。

要变，就必须打破集体照站成一排或坐成一排的格局。在拍摄人员众多、几代同堂的"全家福"时，可先让长辈坐下，再让每对夫妇站在长辈的身后，孙子辈则依偎在"老祖宗"的左右，形成既有分类又有集中的形式。如果家庭的成员不多，关系又比较随便，则可利用室内的家具、凳椅、沙发甚至地板，或坐或蹲，或依或靠，既富于变化，又让人们充分感受到家庭气氛的活跃温馨。

好的合家欢有非常广阔的拍摄天地，成功的关键是同中有异，稳中求变。本页照片选择了具有乡土气息的现场感，给人以深刻的印象。

再从拍摄时的眼神表情来看，要变，就不一定强求人人都看镜头。可让其中的一个人指着前方的某个物体，大家的视线都随着这个方向看去。也可以找一样小道具，比如一只小动物，孩子心爱的一件玩具，大家的视线都聚向这件道具，既生动又集中。如果大家族的成员可以分成几组，就让各个小家庭形成一个小群体，以小家庭为中心相互面对交谈，再在每组之间设计一些有关联的姿势或动作，使画面统一起来，特别注意在神态的表现上一定要讲究生动自然而不做作。

精心选择环境和巧妙用光也是拍好合家欢的关键之一。比如海外亲人归来，与家人团聚，总要吃上一顿。如果此时在餐桌上拍全家照，恐怕是最不讨巧的事了。一是

生活快照讲究生动自然不做作

利用错落的台阶拍摄合影

利用现场环境完成多变的合影

室内环境杂乱，又太一般，二是只能用闪光灯，用光太平。其实这样的合影最好改在白天，选择一个对海外亲人有意义的地点拍摄，比如他出生的那幢房子前，或是小时读书的校门口……这样的背景既有纪念意义，室外的光线又有立体感。在用光上最好选择多云的散射光，不会让被摄者感到刺目。

7. 美女摄影

美女摄影在国外又称为女性魅态摄影，主要是指充分展现女性魅力的一种特殊的表现方式，只要掌握了其中的一些基本技巧，就能"制造"出明星。除了掌握前面已经介绍的一些相关技巧外，这里主要讲述如何在家中利用有限的条件拍出较好的明星照片。

在最简单的条件下，两盏灯就能达到拍摄的要求。也可以在有多扇窗户的较大空间内，利用进入室内的自然光进行拍摄，而不用任何人工光。对背景的要求也很简单，有条件的可以准备几种颜色的背景纸，也可以用单色的布料代替。色彩要求以深色为主，容易营造逆光等变幻的光影效果。

高明的化妆术是使普通女性走向魅态明星的第一步。化妆的全部目的就是尽可能消除脸上的瑕疵，使肤色柔和，肌理细腻、光洁，并强化眉、眼、双唇的造型。化妆要求既不同于舞台化装那般浓艳，又要比一般的生活化妆更讲究立体形态与明暗表现。

通过夸张的色彩营造快乐的氛围

明星照的服饰可以从简出发，特别是在家中自己拍摄，只要找一些轻、薄、透、露的服饰，配合花布、丝巾、头巾或披肩加以变化，再找一些首饰、帽子等加以点缀。比如一方大的丝巾，可以在不同的情况下作为头饰、颈饰、肩饰以及胸饰，产生多变的效果。一些简单的布料，随意性地搭配，就能起到装饰效果，也不会显得做作。注意在藏和露之间，适当把握分寸就可以了。

对布光的要求是，正面的主光最好柔和些，使用散射光使女性的肌肤过渡自然。背后的轮廓光要求强烈些，采用直射光使头发四周熠熠生辉，并且与背景分离。有条件的可以用一灯光局部照亮背景，营造戏剧化的气氛。在室内用自然光拍摄时，可以选择一扇大的窗户，让被摄者背向窗户坐在窗户下面的地板上，人物前面找一块大的反光板（可用大的白纸板代替）进行补光，这样背后窗户中射入的光线就形成了强烈的逆光，效果也比较理想。

有时候为了突出人物的性格，也可以选择比较强硬的布光方式，关键是要配合人物的姿态和神态，构成整体感。

魅态明星照的人物造型姿势与一般的人像摄影不同，在讲究自然的同时还必须强调一种夸张的戏剧化造型。造型中注重脸部和肩部的配合，这是寻求动感的关键。当人脸面向镜头或是四分之三的脸型时，身体应该向脸部的相反方向侧转些，靠近镜头的肩部低些，远离镜头的肩部高些（也可以相反），两肩就会形成斜线，避免了呆板的"一字形肩"，又能突出袒露的肩部肌肤魅力。

手的造型可以幅度大些，辅助形成夸张的效果，丰富画面，产生华丽感。构图上以对角线为多，人物或俯些或仰些，强化动感。

明星照中使用柔光镜是产生朦胧效果的关键，柔光镜可以使影调变得柔和悦目，消除人脸上皱纹、雀斑等缺陷，还能使轮廓光产生迷人的光晕。柔光镜分为全柔型和中空型两种，后者的效果是画面的中间部分清晰，四周柔和，主要通过眼睛部位的清晰效果，形成对比丰富的画面造型语言。对于小型数码相机来说，还可以使用照相机

Tips

室内自然光婚纱照

为了突出主体人物的形象，应该选择大面积的素雅墙壁或者落地窗帘作为背景，再配以少量的鲜艳物体作为点缀。在用光上，可利用白天进入室内的自然光并加闪光灯作为补充。方法是先用三脚架将相机支稳了，根据拍摄距离计算出单用闪光灯时所需的光圈大小，再根据光圈推算出单用室内自然光曝光所需的快门速度（一般晴天的室内大约为 1/8～1/15 秒）。这样的组合既可以通过光圈控制闪光灯的亮度，又可通过快门速度控制自然光，达到较平衡的用光效果。

Tips

室内闪光灯婚纱照

如果在晚上单用闪光灯照明，最好是用长些的闪光连接线将闪光灯升高至相机的左、右上方，或是用两到三只闪光灯，通过闪光灯同步器使其同步闪亮，形成立体的光效。至于新娘与新郎姿势的选择，先要从全身、半身、两人的脸部特写各拍几组，以便有充分的选择余地。两人可互相对着、亲吻、依偎，甚至背向镜头回眸一笑……在放松的交往中稍加诱导，随时捕捉两人最佳的姿势、神态瞬间。

通过后期的影调提升美女的质感　　　　简单的布料足以胜任家庭的美女拍摄

内置的柔化设置，直接拍摄具有柔光效果的画面。或者可以参照本书中介绍的后期加工技法，获得同样柔媚的艺术效果。

　　柔光镜的使用对于女性来说是非常有效的。尤其是布光比较具有立体感的造型，往往容易产生粗糙的皮肤感——通过柔光镜就能达到柔化的效果。

　　数码摄影的还有一个妙趣所在，它可以让被摄女性更加充满自信地参与到拍摄之中，那就是边拍摄边浏览，将不满意的画面当即删除，将比较满意的画面回放给模特儿看。这样做一方面可以增加她的自信，也可以适当纠正一些不太满意的细节，更重要的是显示拍摄者的功力，让她对你的拍摄更为信任，使接下去的拍摄更容易，收到更好的效果。

Tips

室外婚纱照

　　选择游人稀少的郊外或开阔并有野趣的公园。拍摄时最好选择多云的天气，利用散射的光线产生柔和轻松的气氛。如果是在阳光晴朗的日子，可以利用闪光灯对新人进行补光，以弥补光线强烈、反差太大的缺陷。还可以选择晴天的早晨或黄昏，利用逆光或侧逆光，充分体现婚纱礼服的透明质感，通过画面的暖调强调浪漫的气氛。这时也可以用闪光灯适当地进行补光。除了大自然之外，为了凸显现代婚纱摄影的时尚气息，还可以选择利用现代都市特征建筑为背景拍摄结婚照。

8. 创意人像

　　创意人像当下十分流行。从宽泛的意义上说，创意人像是利用光影、线形以及抽象手法来表现现代人物，不再是满足于对象的精确再现和主观情感的灌注。但是这样一类创意人像，又不能如现代艺术家那样，以荒诞、夸张、变形的创意手段无所不用其极，进入另外一种类型的观念艺术创作的空间。我们这里所论及的，就是试图将创意人像摄影的前卫意识融入普通观众的接受心态之中，获得更为普及的受众空间。

　　这类人像摄影作品的创意首先是要有全新的意识，特别是讲究创意的自由性。首先是选材的自由：摄影师把拍摄对象当作是一个模特，任其进入各种角色，而不问其本身在生活中是否有此种角色。其次是影调与造型的自由：在特定的影调中不应该有任何细节的规定，只讲究对比的整体效果和塑造人物的意识感觉是否到位。特别是现代艺术人像更讲究个性的塑造，要跳出男性就是坚强、女性就是柔美、老人体现苍老、儿童表达天真的共性，从而追求人的各种心态和独自的特征，使画面令人怦然心动。

　　在造型方面，创意人像讲究不拘一格的坐、侧、仰、卧、靠、睡等，不受传统模式的限制和拘束。

　　在内涵的表达上，创意人像有多种表达的可能：可以是多意的表达——以多意的形态使观众产生想象与回味，引起思索和探究。假定我们在画面中塑造了一个帽子遮脸、只露一个嘴唇、没有眼神、手持一束鲜花的少女，其表达的多意性是很值得反复玩味的。与此相反，还可以采用直意表达的手法，通过一种造型形式如线条、影调、构图，与人物情绪、形态直接呼应，并通过题目直奔主题，给人内心强烈冲击。

　　多意表达可以完全注重形式、韵味的表达，注重线、形、色的均衡、协调、美观，讲究画意效果和形式美，生发人们的创意想象，以抽象的力量引起共鸣和愉悦感。

　　创意人像拍摄实践大致有以下一些步骤：一是前期构思，这是最关键的，主要对一幅人像作品定下基调和框架。在对人、道具和背景的组合与布局上要求有一个超乎生活常规的想法，并通过非现实的画面表达

创意人像也可以在现实中捕捉

一些特定的意蕴。二是在拍摄过程中随时对构思大胆进行修正，根据被摄者的特点进行有效的夸张处理，并随时变动人、道具和背景的关系，将创意效果推向极致。三是在后期制作中，对以线、形、色为主的创意人像进行局部的加工和修正，以期更为完美。对于抽象的创意人像，数码特技手法可以产生令人惊奇的创意效果。

除了注重形式美感和画意性，创意人像同时能营造较多的意念和艺术氛围。另一方面拍摄也不能忽略人性的创意，必须深入挖掘人性的内涵，并以多样化的手段加以表达。的确，创意人像摄影走向现代是一个追随时代审美潮流永无止境的过程，而不只是一种谋略，或者是阶段性的目的。这就需要人像摄影师对现代公众审美意识、价值观念密切关注，并通过不倦的追求达到创意的新境界。

名家案例之四：数码单反拍人像

这里所选择的，是一些著名的摄影家谈数码单反拍人像的心得，可做参考。

马克·克莱格霍恩说：我之所以喜欢肖像摄影，就是因为每一次拍摄都有不同的新鲜感。尽管有时候我的光线和其他的器材都没有什么变化，环境背景也很相似，镜头前的被摄者却构成了完全不同的肖像画面。

当我准备拍摄时，需要考虑的不仅仅是被摄者是谁，他们长得怎么样，整个环境和设置都是在考虑的范围中。比如冬日的婚礼相对夏日的婚礼，需要对闪光因素更多考虑，这是因为阳光的照射角度相对较低，黑暗也来得更早——不管是在教堂中拍摄，还是在室外，都是如此。

使用数码单反相机拍摄婚礼或肖像，最重要的当然是不受限制的创意空间。我会在第一瞬间决定是否应该按下快门，或者是否可以改变拍的方式包括器材的设置达到创意的目标，或者让拍摄能够完成最为顺利的过程。

马克·克莱格霍恩使用的器材——

照相机：佳能 EOS 5D，佳能 EOS 5D Mark II；镜头：佳能 24~105mm f/4L，佳能 70~200mm f/2.8L，佳能 28~70mm f/2.8L，适马 12~24mm f/4；光源：佳能 T5-D便携闪光灯加同步触发器，布朗影室闪光灯，便携电源，柔光罩，反光板，曼富图三脚架，世光测光表；乐摄宝摄影包。

马克·克莱格霍恩对器材的看法是这样的：24~105mm 镜头足以对付常见的拍摄题材，比如群像的拍摄、纪实类的人像抓拍，以及在足够的距离拍摄人物的肖像特写等等。当然拍摄肖像特写的镜头最好还是 70~200mm，可以在一定的距离压缩空间，获得浅景深，模糊背景并且突出人物。

对于照相机的要求，应该不能有任何的时延，不能失去任何的表现空间和精彩的瞬间。至于感光度的要求，颗粒度的考虑也是很重要的，以保证在比较暗的光线下不用闪光灯也能得到满意的画面。升级到佳能 EOS 5D Mark II 之后，即便是感光度提升到 ISO6400，噪点的控制相当于 5D 的 ISO1600，已经很不错了。而且还有 2100 万像素，能够获得精度更高的影像。

如果一旦需要使用闪光灯，也是应该手动精确控制，以便不影响现场光的氛围，只作为一种补充。尤其是可以通过多个闪光灯，由照相机热靴上的同步装置，在冬日获得立体的光效。这时候不需要通过照相机的 TTL 测光同步闪光，而是通过手工控制，以便获得更为精确的闪光效果。

Tips

婚庆人像拍摄

一方面可为新人设计一些值得留念的场景，比如新娘在离家时与家人依依不舍的画面，新郎为新娘整理婚纱的殷勤……另一方面要眼明手快，抓拍一些稍纵即逝的美丽瞬间，比如新郎扶着新娘走入轿车，新人在闹洞房宾客前的窘态……这些都是日后回忆中有意义的画面。在拍摄婚宴时需要配备一只广角镜，因为此时场地拥挤、人多而集中，广角镜最容易发挥。所用的闪光灯如有自动曝光功能，就可全神贯注抓拍每一次的高潮，而不必考虑光圈的大小。

人像的创意空间没有任何的局限

Tips

婚宴人像拍摄

婚宴开始以前一定要了解男女双方的父母及主要亲戚所坐的位置，千万不要漏拍了这些重要的人物，以免日后留下遗憾。这时候的拍摄对数码相机的要求不是很高，一般中档的数码相机足以胜任，因为毕竟这些照片不会放得很大，只供放入影集欣赏交流。

名家案例——霍伊尔01

名家案例——霍伊尔02

名家案例——克莱格霍恩01

名家案例——克莱格霍恩02

数码摄影通用技法

还有就是双面的反光板，一边是银色的，一边是白色的，可以对肖像摄影起到效果不同的补光作用。反光板是可以折叠的，同时拿在手上作为补光也很便利。

马特·霍伊尔则认为："我十分注意对人物的观察，同时对生活中的环境也很敏感。我成长于艺术氛围的家庭：绘画、素描、写作以及音乐。具有创意的人，都希望和别人分享他们对于世界的理解，并且通过合适的工具创造什么。

"对于我来说，摄影不仅仅是一个技术过程。许多摄影家对器材十分迷恋，这也无可厚非。然而不管是大画幅还是数码影像，创造才刚刚开始。摄影的享受究竟是什么，或者说一开始就会对其产生迷恋？对于我来说就是最终的结果。我希望照相机就是我的创造力的延伸，是我努力讲述一个故事的基本保证。数码单反就是这样的选择。因为其便利性，可以让我在第一瞬间看到需要的结果，以及是否需要进行校正。这样一种观看方式的改变，可以让我得到更多优秀的画面。

"数码单反还可以让我方便地将影像转换在电脑中，不管我在什么地方得到的影像。后期的制作也是今天重要的组成部分，你可以轻松地修整色彩，得到更为满意的结果。对于我来说，还可以创造真实生活中难以单独实现的氛围和情感。你会觉得，在快门按下之后，还有还多事情可以做。

"数码单反不仅是我的利器，还是我的延伸。我可以在最小的努力中得到最大的反应，让所有的故事讲得更为流畅。这样，我可以花更少的时间考虑器材，而把注意力更多地放在情感的交流上。"

马特·霍伊尔使用的器材——

照相机：佳能 EOS-IDs Mark II，富士 FInePlx S2 Pro 配尼康 DIM 镜头群；镜头：佳能 24~85mm f/1.8L，50mm f/11，85mm f/2.8；三个佳能 580EX 闪光灯，佳能红外线同步触发器；三个白色反光伞；曼富图可携带灯光支架；乐摄宝背包。

马特·霍伊尔对器材的看法是："佳能系列是最佳的选择。佳能580EX 闪光灯组合足够强大，让我足以胜任即便是群像在内的各种题材的人像摄影，而不需要额外的光源。反光伞携带方便，光线柔和，可以用来消除阴影，补充细节。

"乐摄宝背包不仅可以放置常用的器材，还可以将电脑一起携带。当然并非一定需要携带电脑，尤其是从便利的角度考虑，我常常携带爱普生数码伴侣，从而方便在远程的拍摄时储存照片，还可以方便地浏览和删除照片。曼富图灯光支架足够结实，携带又很便利，放在双肩包中并不费力。"

? 思考练习

1.人像摄影的造型是非常重要的，请说出其主要的造型特征。

2.人像摄影的用光有其规律，结合其影调的营造谈谈自己的看法。

3.室外自然光下的人像拍摄，控制的手段有哪几种？

4.数码摄影在生活人像的多样化和自然化方面有哪些优势？

5.女性魅态肖像的拍摄重点在哪些方面，如何把握？

6.请说出创意人像的定义，以及构思和拍摄时需要注意的要点。

五、专题之二——风景摄影

从表面上看，风景摄影是人和自然的对话，而实际上最为本质的，却是战胜自己心灵孤独的一次次挑战。当你和这一章中的各种风景题材——遭遇之后，也许你通过镜头展现的，就是你对自然的深刻感悟。数码相机和所涉及的技巧，只是帮助你在更为自由的空间，看到内心的风景。

目的 —— 通过镜头展现对自然的深刻感悟，将风景摄影作为人和自然的对话，从而战胜自己心灵孤独的一次次挑战。

重点 —— 灵活运用数码相机和所涉及的技巧，在更为自由的空间，看到内心的风景，表现出更为个性化的景观语言。

课时 —— 8课时

1. 光线的选择

Tips

三脚架的重要性

不用三脚架也能拍摄风光照片，但是大多数成功的风景画面都是使用三脚架拍摄的。精通三脚架的使用，确保它在风中保持平稳、安全和位置正确，这是一项重要的基本技能。

在拍摄风光之前，可以先设置一下数码相机的一些参数，比如反差可以略微提高些，并且可以选择较高的色彩饱和度和锐度，以便获得赏心悦目的艺术效果。具体设置方式可以参照照相机的说明书，有的是在主菜单下的"数码效果"下，有的可以在主菜单下直接找到"反差""色彩饱和度"和"锐度"，按照说明略微往"＋"的方向调节就可以了。此外，由于风光摄影对于细节的表现力特别注重，因此在可能的条件下，选择高分辨率的储存格式，便于制作出细节丰富的画面。

在自然中巧用多变的"光"，是风光摄影最基本的要求，也是风光摄影给我们的最大挑战之一。因为当我们背着照相机外出时，我们无法要求自然界的光照角度改变，这是风光摄影的难度所在。但我们却可以等待和寻找最佳的光照瞬间，让不同的光线为我们的景物造型服务。

自然界中的顺光照射均匀，但是较为平淡，景物的明暗反差小，缺少丰富的层次，在风光摄影中较少用到。可有时受时间和地理条件的限制，不得不使用顺光，这时可采用这样一些方法：比如选择深色的主体衬以明亮的背景，或是选择明亮的主体衬以深色的背景，拉开景物之间的反差。如果前后景物都比较明亮浅淡，还可以略微增加一些曝光，使画面形成近似高调的效果，追求一种淡雅清新的艺术风格。由于数码相机对光线记录的宽容度比较有限，因此增加曝光时要控制得当，增加太多容易让高光部分失去细节，反而不利于高调的营造。对于小型的数码相机来说，顺光的小光不容易让照相机传感器的记录产生溢出现象，因此在拍摄时可以充分利用。

正面的光照对于水的颜色表现比较有利

顺光虽然不常采用，但也有例外，例如为表现自然景观中的水面色彩，顺光也许是不错的选择，可以获得饱和度最大的水面色彩。因为顺光下进入镜头的水面反光最少。

45°的前侧光最符合人们日常的视觉习惯，景物具有一定的明暗反差，能显示景物的立体感和比较丰富的影纹层次，对色彩的还原也比较理想，只是空气透视的纵深感还不够强烈。90°的正侧光使景物的明暗影调各占一半，景物的反差和立体感最为明显，特别是拍摄一些表面结构较为粗糙或是凹凸不平的景物，如古建筑、山石、浮雕等，有特殊的表现力，只是因为明暗反差大而不利于色彩的还原。尤其是中低档的数码相机，在使用侧光时需要小心构图，避免画面出现过大的反差，造成画面光线的溢出，失去高光的细节或者是暗部的层次。拍摄时可以参照前面介绍的直方图随时检测一下，以保证画面的成功率。

逆光是风光摄影中最有个性的光线，最适合表现前后层次较多的景物，在每一景物背后勾勒出一条条精美的轮廓光，使前后景物之间产生较强烈的空间距离和良好的透视效果。当然，面对如此强烈对比的逆光景物，一般选择根据高光部位曝光，让暗部损失一些也无妨。因为一旦根据暗部曝光的话，尽管暗部细节保留了，但是高光层次一定丧失殆尽，影响了逆光作品的神秘感，同时对于中低档数码相机的宽容度来说，也是不利的选择。

如果主体景物背后是明亮的雪地或水面时，逆光下的景物又会使主体形成剪影效果，以强烈的反差力度和简洁

逆光下的风景颇具神秘氛围

动人的画面取胜。

总之，要想获得有个性的风光摄影作品，侧光和逆光是最有利的，只要曝光合适，它能使画面变得更耐人寻味。当然，并非所有的风景都适合用逆光来表现，特别是一些需要表现正面细节的景物，逆光下就会显得太暗了。

侧面光让起伏的山脉有了立体感

2. 天气的特征

出门遇到雨、雾、雪甚至电闪雷鸣、狂风暴雨时，不必为坏天气而坏了好心情。相反，如果掌握了一定的拍摄技巧，在这种特殊的天气拍出的照片，效果还会出奇地好。古人所说的"雾失楼台，月迷津渡"，正是指出了含蓄的朦胧美。摄影家津津乐道的"晴西湖不如雨西湖，雨西湖不如雾西湖"，则从另一个角度说出了特殊天气条件下的艺术创作魅力。这时候不妨利用数码相机的优势，大胆实践，多多拍摄，从中找到最佳的画面。

阴天最大的缺点就是反差非常弱，缺少阳光所造成的明暗对比，往往会使被拍摄的照片灰蒙蒙的一片，让人感到一种难以言说的忧郁感。照片灰暗，色彩不鲜明，是需要克服的主要问题。在阴天的拍摄时，应尽量避免拍摄同一平面的物体，而应该选择前景、中景、远景等多重排列的自然景观，通过近深远淡的自然规律，尽可能地拉开画面的反差，形成较为强烈的视觉冲击力。

黑云压城的阴霾造就了宏大的气势

在实践中仔细观察就可以发现，越是离镜头近的景物，在阴天拍摄的照片中越是显得深暗，越是离镜头远的物体，在照片中就越是浅淡。这样一来，深浅层次一旦拉开，画面就不再会显得灰暗，色彩效果也会显得相对鲜艳。

如果天气非常阴晦，也可以调节数码相机中的一些设置，适当提高画面的色彩饱和度。比如大多数码相机中都有饱和度或者是色彩鲜艳度的设置，可以适当提高一两级，同时将反差的设置也提高一些，这样对于阴天的拍摄应该是有效的。注意不宜设置太高，否则很容易产生虚假的效果，反而失去现场的真实氛围。此外，一旦拍摄完成后，记得将设置改回来，否则以后的正常天气拍摄依旧沿用这些设置，则会使画面变得过于夸张，不利于对风景作真实的描述。

在阴天向晴天转换的天气中，有时也能获得意想不到的造型效果，比如暴风雨前的乌云，其本身就是一种变化无常又十分强烈的光影效果。耐心等待浓重的乌云透出一线光芒，照亮自然风景的某个局部，然后迅速根据亮部的光线曝光，形成云层的深厚感。

雨中的拍摄和阴天一样，光线可能显得灰平，对表现空间和立体形象不利，但只要根据阴天的拍摄注意点，巧妙利用各种造型语言，还是能获得特有的情调。

雨天光线变化大，一会儿景物明亮，一会儿又乌云密布，光线会相差好几倍，所以要勤测光，多比较，以获得较为合适的曝光量。第二要少曝光，不要以为雨天亮度低就增加曝光，这样反而会适得其反——曝光过度则反差更小，照片灰蒙蒙，效果极

73

Tips

寻找最有利的位置

风光摄影最重要的课程之一，不是让你一到达拍摄点就支起三脚架拍摄。照相机一旦上了三脚架，就很难远距离移动改变拍摄高度和角度。其结果是缺乏应有的深度和趣味点，同时也无法形成有效的前景。首先是应该对拍摄点进行研究。在周围的路上走走，寻找有趣的前景，以及具有透视效果的线条。一旦找到合适的位置，再将照相机举到眼前考虑是否合适构图。试试横构图和竖构图哪一个更合适。只有到一切都满意了，才可以支起三脚架。

雨雾迷蒙也是不错的风景画面

差。第三要拉大镜头和雨景的拍摄距离，也就是要避免雨水直接在镜头前落下，因为一滴很小的水珠在镜头前经过，都会遮挡住远处较大的景物而影响画面效果，拉开距离同时还可避免镜头上滴到水。接下来的问题是不要用太快或者太慢的快门速度，因前者会凝固住雨水，在画面中形成一个个小点点，从而失去雨景的感觉；而后者又会使雨水拉成长条，效果也不理想。通常 1/30 ～ 1/15 秒的快门速度可以恰到好处地强调雨水的动感。

为了更好地衬托明亮的雨丝，千万不要以灰色的天空或白色的景物为背景拍摄，最好选择深色的景物来衬托，使雨天的画面气氛更为浓重。

雪后初晴的红装素裹

然而关键的还是通过仔细发现，捕捉住雨中所具有的特殊光影情调，将视觉的魅力发挥到极致。比如在室内透过玻璃窗往外拍雨景时，可以在室外玻璃上涂上薄薄一层凡士林油，这样当雨珠挂在玻璃上时，能够渲染雨天的气氛。雨天拍摄还可有意强化水珠，如雨珠在河面上的一层层涟漪，积水潭反射的斑驳光斑，极富抽象画的艺术魅力。

雨天尤其适合拍夜景，马路上车灯及霓虹灯、建筑灯光反射在地上的积水里形成倒影，画面色彩丰富，形式感强。

银装素裹的雪景是风景摄影的极好题材。雪的主要特点是反光强，亮度高，景物明暗反差对比强烈。因此，掌握好曝光就成为拍摄的关键所在。由于雪地上的反光率高达 80％ 到 90％，传统以平均反光率 18％ 灰计算的机内测光程序难以派上用场。因此，应该在对包括白雪在内的环境测光的基础上增加一些曝光量，使白雪的亮度得到充分的保证。最好的测光方式是避开白雪，对任何中灰物体进行测光，例如银灰色的摄影包或人物面部等，比较容易得到正确的还原。一些数码相机中有专门的雪景拍摄程序，原理也就是自动增加一些曝光量，对于初学者来说不妨一用。

数码相机的雪景程序一般只适合拍摄静态的雪景，由于设定的速度比较慢，不适合拍摄动感的雪景画面，因此还是应该根据具体情况灵活调整。

阴天的散漫光及顺光不利于表现雪的质感，此时景物前后景深不明显，景物间缺少空间感、立体感，容易显得平淡。因此优秀的雪景照片大都采用侧光、侧逆光，效果是纹理清楚，色彩鲜艳，容易体现空间感及深度，充分显露雪地的起伏。同时，依据一天的时差变化所形成的光线色温，雪不仅有蓝色、橙色和红色，还有黄色、紫色，而美不胜收的雪景往往是在早晨和傍晚捕捉到的，这也是拍摄冬景的高手喜欢选择的时机。

雪景拍摄形成侧光和侧逆光的最佳拍摄时间是早晨和傍晚，必须牢牢把握。这时候光照角度低，立体感也强。和拍摄雨景一样，如果遇上了漫天大雪，最好不要选择较快的快门速度。一般 1/60 秒以下，配合深暗的背景，如深色的树丛、建筑物、田野、马路、车辆等，可以让雪花纷纷扬扬飞舞起来，形成一道道白线条，加强雪花飘落的动感，使画面的气氛得到最好的烘托。

由于拍摄雪景时天气都比较寒冷，对数码相机进行保温尤其重要：大部分的数码相机适合在 5 ～ 40℃ 的环境中工作，因此雪景拍摄前应该放在贴身的衣服内保温，使用时才取出，

等待最佳时机表现雾色迷离

局部的雪景主要强调其雪的质感

拍完后马上收藏好，才可避免因低温形成的电池失效等"死机"故障。尤其是大多数锂离子电池耐高温和耐低温的能力都比较差，因此最好多备用几块电池，不然会因为电力不足造成出错甚至死机，影响拍摄。一些高档的数码相机使用抗低温性能出色的镍氢电池，甚至可以完成在－10℃度环境中的拍摄，但是拍摄的张数会因为温度的降低而相对减少。每一次拍完照片后，无论怎么冷怎么累，一定要把相机、镜头装进摄影包里并把带子系好，然后再进室内，几个小时之内不能打开。不然相机会马上挂上一层白霜，化了以后的水会出现在机身内、镜头内，严重的甚至会损坏相机，而镜头内的水短时间之内出不去，这是冬季拍摄的一个重要常识。

雾会拉大景物之间的距离，加强空间的纵深感，产生虚无缥缈的幻觉。同时雾又会掩盖杂乱无章的背景，能高度概括画面的主要形象，提高表现力。这里指的雾景，一般是薄雾。由于人脑感觉深度是通过细节多少来进行的，越近的物体细节越多，越远的物体细节越少——薄雾使远处的物体细节逐渐减少了，产生了较大的距离感，因此很容易给人以柔和与渐变的心理感受。

浓雾下的景物多呈灰暗色调，它能掩盖杂乱的背景，突出最前面的景物。然而它的浓密往往也会使画面变得阴郁，产生过于沉闷的感觉。因此一定要注意选择合适的前景，以其强大的造型和力量感稳定画面的情绪。

最佳的拍摄时机是在浓雾将散未散、阳光刚刚出现之际，尤其是在逆光下，画面会出现既迷离扑朔又生机勃勃的情趣。尽管雾色隐藏了许多风景中的细节，但是却有利于构成简洁的画面构图，使自然与人工的元素和谐相处，留下了非常壮观的场面。

如果雾景中出现灯光，比如一排由近而远的路灯，或是迎面开来的汽车的车灯，由于灯光在雾中的晕化作用，会大大增添画面的神秘气氛。如果说这时候的光晕是画面的画龙点睛的神来之笔，恐怕是一点也不为过分。

雾天拍摄，曝光很重要。曝光过度，景物亮的部分层次丧失殆尽；曝光不足，画面灰暗，也无层次可言。为保险起见，可以根据不同的曝光量多拍摄几张。

雾天拍摄时最好将感光度调节到中低档，比如ISO50或ISO100，最好不要使用太高的感光度，因为雾天反差太小，高感光度难以获得较大的反差。

Tips

考虑对比的因素

其实所有的影像，包括摄影，都是和对比有着密切的关联，包括影调的对比、主题的对比、空间方位的对比、大小尺寸的对比等等。根据19世纪20年代包豪斯著名的设计观念，约翰尼斯·伊藤在最有影响力的现代设计课程上这样说："找到和罗列各种各样对比的可能性，永远是最让人激动的主题之一，因为学生们会意识到将会有一个全新的世界在他们面前打开。"

3. 日出与日落

风光摄影要学会利用清晨与黄昏的光线，至少也应抓紧在上午十时以前和下午三时以后拍摄。这时阳光位置较低，方向性强，可以有多种角度的选择。更重要的是早晚的天空中云霞色调丰富多变，是自然景物的最佳陪衬。加上早晚的阳光色温低，光线偏红、黄的暖色调，容易获得温馨凝重的特殊情调。中午晴日当空，一览无余，是很难获得完美的风光摄影作品的。

在早晨和黄昏拍摄风光，还可以直接面对太阳按下快门，展现日出和日落的辉煌，也通过太阳和地面景物的联系，使画面变得更丰富多彩。

拍摄太阳首先要解决曝光的问题。第一是太阳自身的光线比景物亮得多，如果对准旭日或夕阳测光拍摄，太阳周围的景物几乎会淹没在一片黑暗之中，要想适当表现周围的景物，最好避开太阳并以太阳附近的天空为测光对象，保证中间影调的层次。第二是日出或日落时的光线变化很大，可以说随时都在变化，要尽量多选择一些曝光组合，以防曝光失误。

十倍以上变焦镜头的小型数码相机，很适宜拍摄"长河落日圆"的宏大景观。当然也需要一些具有典型特征的景物作为陪衬，否则落日也会显得过

太阳的大小取决于镜头焦距的长短

丰富的前景和云霞是日出日落
成功的要素之一

水面的反光足以胜任画面的表
现力

于单调。如果用广角镜或标准镜拍摄日出日落时的太阳，画面上的太阳很小，这时可将光圈收到最小处，由于光圈叶片的作用，太阳就可能散发出六角的星光线条，增加画面的感染力。当然也可以适当选用星光镜或彩虹镜强化太阳的魅力。

照片中的太阳大小形态是以拍摄时的不同焦距镜头所决定的。镜头的焦距越长，太阳的影像就越大。

在拍摄日出日落时，还要留心绚丽多姿的早霞和晚霞，使天空色调更丰富多彩。由于日出日落天空的亮度和地面的亮度比较悬殊，在曝光上很难达到平衡。这时候可以有两种选择：一是将重点放在天空上，根据天空的亮度完美展现云霞的魅力；二是在镜头前加上一块中灰渐变滤光镜，这类镜片的特点是上部密度高，下部透明，中间有柔和的渐变过渡。使用中灰渐变滤光镜后，既能平衡天空和地面的亮度，又不会影响色彩的还原，非常实用。

云霞不仅在太阳周围出现，特别是在日出前或日落后的十几分钟里，天空也会出现异常美丽的霞光，千万不要错过机会。

此外，在日出和日落时分拍摄还有一个色温选择的问题。这一时段的色温都很低，但是数码相机的白平衡会自动校正过低的色温，消除一些红黄色调，结果可能失去早晚暖调的特征。这时候不妨将白平衡的选择调节到日光白平衡上，较好地还原早晚的氛围。对于高档的数码相机来说，还可以选择更多不同色温的控制，尝试在不同色温条件下的色彩效果，也许会有意想不到的收获。

日出和日落最适合在水边拍摄，比如以辽阔的海景形成宏大的气势，让人回肠荡气。或是以湖滨的倒影强调日出或日落的对称，也不失为精美的构图样式。

结合天象景观，在山中拍摄日出或日落，也是风景摄影的绝好机会。一般的山景都会有一两处拍摄日出或日落的最佳点，但也是旅游者最集中的地方，建议拍摄者不必挤在大堆的旅游人群中，否则你只能在吵吵嚷嚷之间感受一次日出或日落的气氛，而很难拍到精彩的照片。远离人群不仅可以让你静下心来捕捉日出或日落的最佳瞬间，还能抓取到人们观赏日出和日落的大场面。比如在泰山拍摄日出，可以退到远处，让游人占据了前景中所有的山峰，或站或坐，与山势形成抑扬多姿的造型结构，反而更能丰富日出的气氛。

4. 山景的拍摄

山脉的起伏结构是画面的重要元素

自然风景中的山，具有千姿百态的性格。"无限风光在险峰"，拍摄山景正是一次陶冶人格力量的很好过程。

要强调山的气势，应尽可能采用仰拍或俯拍的角度。避免平视取景，以防画面单调平淡。遇上连绵起伏的蜿蜒山脉，可以选择从较高的角度俯拍，使用广角镜头，寻找合适的视点，比如登上庐山群峰之首——五老峰时，可以通过俯拍的角度让画面万仞骈立，蛟螭狂舞。而处于险峻幽深的山谷，不妨从较低的角度仰拍，比如在武当山南岩景区下到深涧位置，由下向上仰拍群峰之中突兀的两座山峰，取其奇险，壮人气魄。

云雾是展现山的气势的重要因素，若隐若现的山峰引人遐想，而"山在虚无缥缈间"更是山景拍摄的妙境，这要比在阳光直射下将山景和盘托出更具中国山水画的神韵。

　　山景云雾的产生有两种情况。一是山区的夜里寒冷潮湿，第二天太阳初升，湿气便从谷底蒸腾而起，形成云雾，随吹入山谷的风势翻涌起伏，使山峦时隐时现。

山水间不同的构图趣味各异

这时要想拍出云涌山势的风光照，就必须早早起身，在星月依稀的黎明登上最高的山峰耐心等待。在太阳逐渐升高时，趁云海随山中气流急速运动变化之际多多抓拍，以免错失良机。二是即使在白天，一场大雨过后天空突然放晴，山谷中的雨水在强烈的日照下化作水气冉冉升起，也会产生云海翻涌的奇景。因此山中遇雨千万不要心焦，耐心等待或许就能拍到佳作。

　　一旦出现精彩的云雾，应该不吝啬快门，抓紧时间多拍几张，尽可能多记录稍纵即逝的变幻莫测的场景。好在数码相机的图像是记录在储存卡中的，可以留作拍摄完成后比较分析，删去较差的，做到万无一失。

　　山中随处可见大小瀑布，把握"疑是银河落九天"的轰然气势，更是山景摄影的重点之一。拍摄瀑布前先要根据瀑布的造型决定画面的构图，根据瀑布与环境的关系决定竖构图或横构图：竖画面有助于强化高瀑布的飞流直泻，横画幅可以展开宽瀑布的磅礴气势。

　　拍摄瀑布的一个关键问题是要灵活运用快门速度。要想突出瀑布飞珠溅玉、淋漓痛快的瞬间，可用1/125秒以上的快门速度（只要光线许可，尽量将光圈开大，就能提高快门速度），清晰地凝固每一点跃动生命力量的水珠。要想抒发瀑布柔情万缕、如歌如泣的意蕴，可用三脚架支稳照相机，将光圈收小后使快门速度放慢到1/15秒以下，这时拍成的瀑布会如纱幔轻垂，凝重而有力。中小型数码相机的光圈受到传感器的限制都不可能收得很小，因此很难在良好的光线条件下获得低速快门，这时候可以选择使用中灰密度滤光镜，从而达到降低快门速度的目的。

　　对瀑布的曝光，最好以瀑布的水流为测光基准，然后略微增加一档左右的曝光量，不要受深黑色的岩石的影响，否则水的质感会因曝光过度而消失殆尽，岩石也会呈灰色而缺乏力度。

　　山中的有些瀑布还会因光照角度而出现彩虹，只要阳光充足，彩虹出现的时间一般在夏秋季的上午9~10时或下午的3~4时，主要决定于瀑布的朝向。如在九寨沟的诺日朗瀑布、井冈山上不为人注意的长虹瀑布等，都有机会拍摄到彩虹。为了能既节省时间又可拍摄到彩虹，在拍摄安排时就要预先通过介绍了解当地瀑布出现的时间，精心计算好游程，将游览瀑布的时间正好安排在可以看到彩虹的时候，不要错过拍摄彩虹的绝好机会。

　　拍摄雨后的彩虹也一样，光照角度是在顺光时面对空中水雾浓密处，并选择深色的天空作为背景，以使彩虹的色彩显得比较清晰。拍摄时还要注意保护好照相机，防止飞溅的水珠打湿照相机的镜头。

Tips

拍摄暴风雨

　　暴风雨的天气是创造戏剧化风景的极佳时机。选择一个合适的位置可以获得需要的成分以便捕捉氛围。这些成分包括风吹动的树叶、压弯的树枝，以及被风扬起的尘土。一个最佳的位置就是在海岸边，风景会充满动感和具有冲击力的成分。注意风暴过后的特殊光线变化，阳光会透过云层照射在风景上，和浓密的乌云形成鲜明的反差。

超长比例的竖构图比较有利于表现瀑布

5. 水景的拍摄

江河湖海景观曲折多变，然而在"舟如空里泛，人似镜中行"的水上拍摄时，却要比其他的方式拍摄难度高。因为在不停的舟船游览中，往往当发现了极佳的景致举机你想拍摄时，才发现舟过境迁，后悔莫及。

船上的旅途可以拍摄沿岸的风景

78

在水路拍摄中，如果将船上的旅行所见的风光作为拍摄的对象，那么最好先了解清楚一路的景点，做好充分的准备，比如乘船溯桂林漓江而上，一路有净瓶山、半边渡、锣鼓滩、二郎峡、黄布滩、碧莲峰等，可谓一程一景，此时必须集中注意力，不要轻易放过精彩的瞬间。

要想获得具有魅力的江河湖海照片，重要的是要注意充分表现水的光影魅力。比如泛舟漓江，到净瓶山时，碧水悠悠，连绵的奇峰与其倒影形成了一个宛如卧在江上的巨大瓷瓶，水上与上下的景致缺一不可，而且一实一虚，相映成趣。这样的拍摄方式还包括在游船穿桥而过时拍摄各种桥的倒影，通过船头的细心观察和随时抓拍，品味"曲终过尽松陵路，回首烟波十四桥"的思古幽情，往往会具有不同凡响的魅力。

拍摄水景最好的方法就是在取景构图时有效利用水中的倒影，使水上的实景和水下的倒影相依相随，产生如诗似画的幻境。这也是摄影中经常用到的重复手法，而且又是一种实和虚的重复，更富有变化感。

要表现好水的色彩，必须注意不同季节的影响，并选用合适的光照角度。在枯水季节里，江河水质一般浅而清澈，在天气晴朗的条件下，宜用正面光，使水的颜色达到最饱和的效果，绿中透蓝，青翠秀丽。过了枯水期，大多数江河水变深并带浓重的土黄色，这时可用逆光，并利用日出与日落时的光照，使水面呈金红色的暖调，以补水色之不足。

水色的效果也会因两岸的植物而发生变化，水边的植物和水的蓝绿色形成对比，使水色显得更精彩动人，变幻莫测。

在沿岸拍摄水景，成功的关键是避开"平"和"直"。所谓"平"，是指江河两岸的景色过于稀疏贫乏，即使是以水面为主的风光，也需要有绚丽多姿的沿岸景色作为陪衬，通过高低错落的水边景色，丰富江河的造型。所谓"直"，就是江河的线条过于僵直，缺少流动的曲折变化，这样也不利于展现水之柔情。此外，为了表现江河的动感，还应该随时注意将船只纳入江河之中。没有船只的江河，就如同没有林木的山脉，很可能显得单调并缺乏活力。

当我们找到一个制高点，采用俯拍的角度，抓住江河拐弯处的曲线，就能以纵深感展现江河的多姿多态，避免过于"直"的缺陷。

在大海的嶙峋礁石前，可以等待海水的冲击，记录礁石前拍岸飞溅的浪花，会得到相当大气的画面。这时的快门速度可快可慢，高速快门使浪花如珠玉迸飞，慢速快门中的浪花则似银丝狂舞，各有特色。为了使浪花在画面上比较突出，最好选择比较深暗色的背景作为衬托，使水珠的质感得到充分的显示。

水路的曲折多变更需要小心构图

如是以沙软潮平的海景为对象，拍摄者就要站高一些，略微俯视，让白浪向前推涌而来，形成多变的立体景致。

在海边还可以抓到许多有趣的生活镜头，包括自己家人或四周的游人。比如在海边最常见的就是专心致志筑沙堡的小孩，这是童年的最佳写照。英国一家报纸曾经举办有奖征答活动，题目是"在这个世界上谁最快乐？"四个最佳答案中的一个就是：正在筑沙堡的儿童。

在海滨拍照一定要注意保护好摄影器材，千万不要让击石飞溅的浪花打湿了照相机。海水，海滩上的沙子，以及含有盐分的海风都有腐蚀性，会有损照相机机身金属部分的外表，影响镜筒的旋转结构，以及破坏镜头的镀膜层。在海边拍摄完回来后一定要仔细清洁照相机，万一溅上水珠则要及时清洁处理。

把握住水面的反光和多变色彩

6. 园林的拍摄

风光摄影所面对的一个重要题材，就是综合了自然山水和人工建筑于一体的各式园林。众多的园林不仅把自然界的山水石木纳入其中，而且通过假山、水榭、桥梁、走廊等的巧妙布局，或掩或藏，达到以虚衬实、以少胜多的妙境，形成自然山水与园林建筑相结合的独特风格。从中国园林的特色来看，园林的拍摄主要可以分为三类，那就是皇家园林、私家园林和寺庙园林。

皇家园林以北方和西北居多，这是和历代王朝大多建都北方相关，包括皇宫、宫苑和陵墓等三种建筑格局。如以红墙黄瓦、雕梁画栋为主要特点的北京故宫，是皇宫的典范；

借助风势表现皇家园林的恢宏

以气象宏大、开阔壮观为特色的天坛、北海等园林，是宫苑的杰作；以肃穆庄严、人文气息凝重为特征的西安昭陵等则是闻名中外的古陵墓。拍摄这类皇家园林，一般注意强化它以帝王气象为基础的宏大气势，通过大场面甚至全景再现三皇五帝的历史气韵。拍摄时最好从高角度取景，画面以建筑或园林的中轴线为准，使构图的气魄宏大，场面严谨。尽管皇家园林气势宏大，但有时也会因缺少变化而失之单调，所以还可以充分利用一些前景以丰富画面的视觉语言，使画面的构成更耐人寻味。

为了突出皇家园林的帝王之气，可以通过天空的风起云涌强调弥漫在历史烟尘中的辉煌气氛，也可以利用早晚低角度暖调的阳光，以红黄色的光照充分表现宫殿的瑰丽景色。

私家园林以江浙一带闻名，历代的达官贵族都很看重这一片鱼米之乡，纷纷营造别具匠心的私家园林，其中苏州园林更是杰出的代表。由于南方的地理环境和人文因素的制约，私家园林无法大肆铺张，而这一独特的制约反而成就了私家园林的独特氛围，在有限的空间中营造出超越时空的心理场面，从而获得了人称移步换景、步步景异的妙趣。在拍摄时不要过于草率，一定要细心观察，选取最有代表性的造型和布局，尤其是强调利用前景、中景、远景等多重景观，增强画面的空间感。私家园林正因其小，所以在前、中、近景的重叠下，略微偏移一些角度，或者前后移动一些距离，就可能获得难以置信的画面构成效果，让人有一个惊喜。

由于私家园林大多是以白墙黑瓦为主要色调，十分素雅，很容易获得洁净纯朴的

79

Tips

对付短暂的光线

　　一些令人难忘的风景照片往往是在稍纵即逝的光线中完成的。这些最佳的机遇出现在日出或日落时分，低角度的阳光在天空的穿越中会有多样的变化，尤其是构成色彩丰富的天空。面对这样短暂的光线变化必须要有准备之仗。选择一个合适的位置，研究光线的角度，决定更好的构图。最好使用点测光对瞬间的光线进行测量。一旦机会到了，就要不失时机连续多曝光几幅画面，将最具戏剧化的场景收入镜头。

寺庙园林注重其神秘色彩的营造

私家园林的深度感曲径通幽

高调效果，不妨将这一特色发挥到极致，将江南文人雅士的心态通过画面展现出来。

如果觉得画面过于单调，尤其缺少皇家园林那般富丽堂皇，则可以在拍摄时借用服饰鲜艳的人物，并尽可能找一些红花绿叶或其他亮丽的元素如画面中的红灯笼加以陪衬，使素雅中增添一些青春的亮丽气息。

许多寺庙都利用了其前后空间构筑了自己的园林建筑，从而使中国的寺庙园林融入了不同的佛教或道教等传统设计观念，并形成相应的风格造型，其分为寺、庙、庵、观等格局。这些寺庙大多又建筑在山石奇峻、古木掩映的山中，和自然的原始气息离得最近。在建筑的构成中，可以利用重重推进的山门，选取最合适的视点，拍出建筑内部的纵深感，进入以一当十的佳境。至于寺庙建筑的用光，也是以侧光比较合适，立体感强，影调的变化也多。

拍好寺庙园林的外景必须巧用悬崖绝壁，借助奇松古柏，或者图中神秘的投影，表现寺庙超凡脱俗的意境，将自然景观和人文建筑充分融为一体，强化寺庙的玄思妙想。

园林建筑多少都有些匠气，无论如何巧夺天工，都赶不上自然景观的随意自如。因此在拍摄时，一方面注意尽可能避开过于局促的设计样式，给人以自然天成的感受，另一方面也要学会善于发现建筑设计者的匠心独到之处，充分挖掘人类智慧的结晶。此外，还应该从更多不同的角度发现园林结构的妙处，尤其是利用数码相机取景屏可以翻转取景的特点，从意想不到的位置构图，细心体味复杂的结构特征，出新出奇。

拍摄园林需要事先多读一些相关的园林建筑审美书籍，成竹在胸，才能拍摄出精彩的作品。同时结合天气变化，尽可能捕捉园林的神韵。

7. 都市风光拍摄

从宽泛的角度看，都市景观也是风光摄影不可或缺的一个组成部分，尤其是人工建筑所构成的千姿百态的画面，结合光怪陆离的设计风格，足以体现出现代文明的发展足迹。

从地理环境上看，各个城市各有其外貌特征，有陆城，有山城，有海城，有"四面荷花三面柳，一城山色半城湖"的泉城济南，有"一年四季花长开"的春城昆明，有"东方威尼斯"美称的水城苏州。比如在地处长江上游的重庆拍纪念照，可以充分表现这座既是山城又是雾都的城市的特殊景观：夏日的重庆上午一般是雾的世界，阳光要到近中午才能驱散所有的迷雾。于是可以在上午9~10点找一个制高点，透过迷迷蒙蒙而又飘忽不定的雾霭拍摄曲曲弯弯的江

借助城市的构成完成变化的城市景观

绵延的红瓦是布拉格经典的城市风格

水、层层叠叠的山峦以及依山而筑的各种建筑，充分体现山城雾都的总体风貌。又比如一些历史悠久的名城还多多少少保留一些古典的建筑，在这些古典建筑的周围不断建起现代的高楼，通过细心的观察，找到新与旧、古与今的有趣对比，能引起人们的不同思绪与感慨。

在城市里游览拍摄，只要发现了城市独有的特征，

Tips

乡村风景拍摄

整齐的麦垄、错落的水渠、金黄的油菜花、翠绿的竹林，从高处望去，都有极强的透视关系和图案美。加上一些村寨或古村落，增添了人文的气息。在西南地区旅游，还可以留心拍摄农村的梯田，特别是进入一些少数民族的山寨，常能寻觅到非常壮观的梯田美景。角度较低的侧光使梯田产生木刻版画般遒劲有力的节奏感，使水平如镜的梯田犹如镶嵌在独特的画框之中，颇具美感。

抓住了最理想的景观，就能使城市风光特点鲜明，独具个性。当然，理想的拍摄角度也是很重要的。

要表现好城市的特征，还可以找一些独特的人文景观作为纪念照的背景，使人一看就知道到过的是哪座城市。比如羊城广州的五羊雕塑，上海外滩的钟楼、喷水池边的艺术雕像、浮雕壁画以及对岸的东方明珠，青岛日出或日落时的栈桥以及延安千古耸立的宝塔等。只要稍加留心，通过旅游书刊的介绍，总能找到每座城市与众不同的人文景观。

由于人们熟知的人文景观拍摄的人比较多，因此最好通过反复比较以后选择较新的角度和光线，不入俗套。否则即使在镜头中记录了这些具有地方特征的建筑或纪念物，也会因为人们的司空见惯而失去新鲜感。

新崛起的现代化城市虽然少有历史遗迹，但多的是林立高楼，造型翻新出奇的现代建筑。由此看来，这些城市本身就是一件硕大的现代化造型艺术品，对于以平面造型为特征的摄影表现方式来说，是很容易获得形式多样的作品。拍摄时要注意的是，这些现代化建筑一般比较高大，气势雄奇，造型结构流畅奔放，而有时街道却不一定非常宽阔，所以一定要带上广角镜拍摄。然而广角镜头在拍摄向上或者向下倾斜的建筑时，哪怕是很微小的角度倾斜，都可能使画面中的垂直线条产生变形的汇聚效果。这样的变形对于夸张建筑的高大感，或者强调画面的透视效果是有利的。但是如果想表现建筑的自然感觉，这样的变形也许并不合适。要想避免这样的变形，可以选择一定的高度（一般为被摄建筑高度的中间位置）进行平行的拍摄，或者在后期通过图像软件进行适当的调整。

拍摄建筑，小型数码相机上的35mm左右的小广角镜一般还不够广，最好是28mm甚至更广角的镜头（比如在普通广角镜头上装上广角附加镜），就能发现许多激动人心的组合，包括线与面、形与色的构成。

谈到拍摄建筑时的用光，一般全侧光只能形成高反差效果，逆光则将建筑拍成平面的剪影，正面光太平，只有45°的前侧光能既在突出建筑主体感的同时，又充分表现建筑的细节和材料质感。

有时可以在高楼上以远处的建筑群为背景留影，效果也十分壮观，但由于此时空气中雾气、尘埃及紫外线的影响，会使画面的清晰度下降。最好选择一个雨过天晴、空气清新的日子登高远摄，画面的清晰度就会大大提高。当然，拍摄城市建筑不一定一味求全求大，通过细心的发现，常常可以找到一些很有趣味的视觉组合元素，既锻炼了自己的观察力，也能使城市摄影的构成出新出奇。拍摄时或是用中长焦镜头拍一些建筑的局部，创作一幅近乎抽象的城市作品，也可以选择一些独特的框架

跳舞的建筑将城市推向了现代的构成空间

以石刻艺术为主的景观也能成为风光摄影的一个极好题材。拍摄石刻艺术最好不要用正面光，而多用能刻画石像立体感的前侧光，通过明暗交替的层次过渡充分体现艺术工匠的精湛技艺。如果是在石窟内拍摄石像，千万不要用闪光灯直接照明，而应将相机用三脚架支稳，充分利用射入窟内的自然光强调立体感和神秘感。拍摄如古碑廊、碑亭等碑刻艺术作品，也一样不要用闪光灯，让自然光最大限度地强化碑刻的遒劲笔迹和立体感，同时也避免闪光灯在大理石等石刻表面形成不必要的反光。

作为前景，重新分解、组合城市的局部画面，都能收到极好的效果。还有都市中的立交桥、路灯、别具新意的广告牌、眼花缭乱的橱窗等，都是值得细心观察并拍摄的好题材。

8. 气氛的营造

风光摄影的氛围营造，也是作品成功的重要因素之一。

有时候会有需要给风光影像添加一些暖调，营造特殊的氛围。在天气晴朗的日子里，阴影区域会因为反射蓝色调而使画面呈现冷调。使用暖调滤色镜可以纠正这样的色偏。浅色的暖调滤色镜还可以用在一天的早晚时分以强化暖调的光线，也同样可以用在多云或阴天的天气。如果画面中包括天空部分，渐变的暖调滤色镜可以强化前景的暖调，同时也不会改变天空云层的色彩。其实在许多风光摄影中，天空是营造氛围非常重要的成分。风光摄影倾向于在一天中的早晚利用最佳的光线，而这时候的天空也是最为壮观的。现场在迅速变化——突然会迸发出色彩和莫测的光线。

如果天空比地面或前景的景物亮很多，除了使用中灰密度渐变滤光镜可以有效控制反差之外，偏振镜也可以用来控制反差，同时强调天空中的云并且使色彩更为饱和。然而专家建议，不要过度使用暖调的滤色镜。尽管影像带有暖调的色彩会给人更为自信的感觉，但是过分强烈的效果反而容易呈现出病态。

在营造氛围的过程中，直射的阳光对于风光摄影来说并非是理想的。微妙而柔和的色彩往往出现在日出前和日落后的短暂瞬间，给人带来宁静安详的视觉感受。这些色彩在静止的水面也会有美妙的折射，低反差以及很弱的照度也能有助于揭示现场的细节，营造氛围。

柔和的调子往往出现在阳光照射角度的对面，云层和薄雾被彩色的光线营造出各种不同的形态——甚至这时候太阳还在地平线下面。

拍摄时要学会顺应天气的状态。在有风的天气里拍摄，最好就是通过长时间的曝光让树叶或其他动感的成分产生虚化的效果，而不必使用大光圈和较高的快门速度凝固这些动

黄昏时的冷暖调交相呼应

感——否则也会失去有价值的氛围。实际上，记录河流、波浪、草地、树叶等物体的动感，可以带来不同凡响的活力影像——运动可以让画面添加氛围和趣味。快门速度可以控制虚化的程度，从 1/15 秒到数秒钟的曝光都是有效的，不管是在多云、阴天还是晴朗的天气，都能产生不错的结果。只是在光线特别明亮的环境下，需要加上中灰密度的滤光镜或者是偏振镜，才能将快门速度降低到合适的程度。

注意远处景物的表现力也是风光摄影氛围营造的元素之一。在丘陵的山脉地带，远近距离不同的区域强化了薄雾的对比效果。因此这时候画面的影调取决于距离的远近，越是远的山脉则呈现出越是明亮的调子。这样一种渐变的影调所展现的就是画面的空间感和距离感，在使用长焦距镜头时的效果尤为明显。这

水边的城市可以借助水汽营造氛围

时候并不需要直射的阳光，最有效的拍摄时机还是在日
出之前以及日落之后，现场会强化一种微妙的色粉笔画
的印象。

把握季节的特征也是风光摄影个性化过程的要素之
一。大部分的季节更替是非常微妙的，是一年中逐渐变化
的过程。如果有兴趣记录这些变化，可以在不同的季节中
拍摄同一个场景。在一年中最关键的时段拍摄一系列照
片，可以明显地展现季节的变化，甚至比时尚的变化更具
戏剧化的色彩。应该针对最为明显的特征选择简洁的构
图，比如一片阔叶树森林地带或者耕种的农田等。拍摄时
留下一个明显的标志，或者从一个容易辨认的位置取景，
这样有利于再次从同样的位置拍摄。拍摄时最好使用同样的相机和镜头，不要使用滤
色镜，这样才可能对每一次的拍摄作出精确的比较。同样重要的是每一次的拍摄选择
一天中的同一时段，将白天日照的长度变化也考虑在内。

一览众山小的氛围离不开云雾
细节的处理

9. 创意风光摄影

有创意的风光摄影不仅仅是对自然风光的纪实，在结合一些特殊技术手段的同时，
重要的是在画面中融入创意的思维，以及大胆突破的创新意识。

在自然风光摄影中，通过抽象的表现就是创意的一种，尤其是浓缩眼前的景物使
其成为色彩、形态以及肌理……就是抽象的过程。同时，一些特殊的技巧也有助于抽
象的表现，比如多重曝光、主体的运动、照相机的移动、滤光镜的使用以及电脑的处
理等等。记录这样一种个人化的对风光摄影的印象，并非是对自然的篡改，而是一种
创意或者说是表达自我的视觉意识。这是强调自我的审美趣味，而不是像所有人一样
简单地记录自然。然而，即便是表现一个变形的风景，也应该具有足够的信息让观众
辨认出场景或是环境的特征。

打破习惯的思维，风光摄影也就有了更为广宽的天地。比如日落后没有了阳光，
并不意味着照相机"刀枪入库"。通过强光手电筒，或者是汽车的前灯，都可以完成
具有创意的照片。拍摄时不一定要照亮整个现场，只需要局部的重点照明就可以了。
比如具有地理特征的岩石、一些独立的树、建筑以及其他具有特征的物体都可以是照
明的对象。一个强光源的手电筒非常适合这样的光源照明，尤其是和现场光源不同色
温的反差可以创造出令
人印象深刻的画面。手
电筒也可以用来创造一
些阴影，给影像以更为
自然的感觉。数码摄影
的优势在于在照明的过
程中能够直接判断拍摄
效果，但是整个过程曝
光时间比较长，对电力
的消耗较大，需要提前
做好准备。

创意的风光摄影要

Tips

综合性景观

在森林地带不易拍摄出好
照片的原因是其杂乱的自然状
态很难获得纯净和简洁的构图。
可以选择在多云的天气拍摄，
避免过于强烈的投影和刺眼的
强光。同时较低的反差也有助
于揭示更多细节。从春天到初
夏，拍摄森林地带最基本的附
件就是一块偏振镜，可以消除
树叶的反光，增加色彩饱和度。

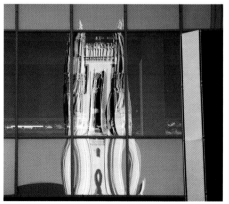

抽象的结构为创意留下了新的悬念

简洁的构成也许是创意最好的元素

冷暖的色调丰富了创意的想象
力空间

大面积的"留白"是创意的一
种可能

求不要在一个拍摄角度停滞不前，而应该不断地寻找感兴趣的拍摄空间。保持拍摄兴趣的最好方式，就是设定一个年度的主题。比如反光的色彩、卵石的海滩或者彩色的河床等等，同时提醒自己不断以新的方式开掘同样的拍摄主题。实验用不同的镜头、不同的拍摄技巧、不同的拍摄角度以及不同的光线状态拍摄，包括不同的季节和光线，以便在同样的主题中出新出奇。在一年结束时，对大量的拍摄作一次挑选，从而对未来的拍摄拓宽视觉，包括从观念和技巧上获得更大的进步。

当你发现一个不错的场景时，应该尽可能做出多样化的选择——拍摄得越多，就会变得更有创意，最终可选择的最佳画面也更多。将传统的视野弃之不顾，然后谨慎考虑什么是你应该做的。以前所做过的这里是否应该重复？在一个场景使用不同的光线拍摄，远比一个接一个场景的匆忙拍摄来得有效。对场景仔细勘查，从取景框里发现有意味的前景和靠近的细节。

使用不同的镜头、不同的滤光镜以及不同的拍摄角度，可能会有永远拍摄不完的东西——关键是要寻找。不到筋疲力尽确信发现了所有潜在的可能绝不收兵，或者直到光线无法曝光为止。

有一点是必须引起注意的：创意的风光摄影不必来自风景名胜。拍摄者生活区域周围的潜在可能性如何挖掘，常常是成功的关键。这些过于熟悉的景观往往很容易被忽略。然而应该记住的是，这些区域往往是拍摄者最容易进入的，而且也最容易等待并且获得不同凡响的光线的。在乡镇或城市，注意公园和花园的四季变化能够记录景观的细节。尤其是在一些比较方便到达的区域，更应该经常去捕捉季节更替的画面。如果有规律地造访一些身边的场景，可以大大激发创造新鲜影像的创造力，并且不断尝试不同的拍摄技巧，为以后的风光摄影打下坚实的基础。

风光摄影中的创意，还包括多次曝光手法的巧妙运用。多次曝光，是摄影特技中常用的手段之一，数码相机的使用也一样——但是需要有多重曝光装置的相机才能完成，由于具有多重曝光的数码相机不多，也增加了拍摄的神秘性。如果你的数码相机具有这样的功能，不妨一试。

通过双重曝光产生柔焦效果，是风光摄影中值得重点推荐的一种柔焦技法。方法是：第一次曝光时采用焦点清晰的拍摄，即将照相机支在三脚架上，对拍摄主体进行精确对焦；第二次曝光时照相机不动，旋动单反相机的调焦环或者手动改变小型数码相机的焦点——微微偏离焦点，将焦点往前或往后均可。这样就使拍摄的画面既有焦点清晰的部分，同时又因为第二次曝光时的虚化产生软焦点。这样的方法既可以表现更多的细节，又能获得类似柔焦的艺术效果，尤其适用于风光摄影中花卉的拍摄。

双重曝光模拟柔焦效果有几个注意点：一是两次曝光量都必须略微不足一点，这样在两次曝光后就能获得恰当的曝光量；二是被拍摄的主体最好是静止不动的，这样两次曝光的吻合程度相对就更理想；三是可以采用不同的虚化程度。

名家案例之五：不一样的风景

这里引入一位中国摄影家的作品——段岳衡，湖南人，加拿大籍华裔摄影家，自由摄影人。我曾经在段岳衡先生的摄影展前言中说过：无论是拍摄风景还是记录建筑，是捕捉生态还是凝固人伦，通过瞬间留下的生命痕迹才是摄影的终极价值所在。面对时间的长河，曝光1秒还是1/1000秒，也许并没有什么质的区别。重要的是在这些时间的流逝过程中，你通过快门得到了什么样的生命感悟。阅读段岳衡的黑白影像，让我想到了摄影之外的许多问题，比如哲学，比如禅宗，等等。摄影家对自然的提炼仅仅是一种手段，他不是为了简洁而简洁，而是希望在简洁的后面孕育更丰富的"秘密"。我所说的哲学或者禅宗的意味，就是基于这样一重生命感悟的空间而言。

展开段岳衡的黑白作品长卷，人们第一反应也许会惊呼：太美了！是的，美是自然生命之源，又是人类情感空间的对应。然而段岳衡的黑白风景之美，绝非是摄影界所奉行的简单的唯美。我们应当承认，"唯美"可以是一种境界，一种很高很高的境界，一种难以达到的境界。然而无论从哪一个角度理解摄影，摄影本质的命脉乃至最高级的形态恰恰不是"唯美"，而是"纪实"，这是从摄影一诞生就早已界定的。无数批评家就摄影史的发展早已为这一特征做出了为世人所公认的结论，并且已经成为常识——从罗兰·巴特到苏姗·桑塔格，这里无须一一细数。即便是安塞尔·亚当斯，他的作品也无法用"唯美"来衡量。当年以亚当斯等人为核心卓然独立的f/64小组绝不是什么唯美主义的摄影团体，而是一个追求摄影终极目标——客观纪实的团体。这些以"纯影派"或者"直接摄影"命名的创造者，试图通过照相机的物理和化学功能精确地展现自然尽可能多的细节魅力，从而传递他们对自然的敬畏之情。段岳衡的黑白风景，正是在这些大师足迹上的延伸，或者说是一次成功的超越。

之所以说超越，因为面对一幅幅宛若当年美国f/64小组以纯粹主义的力量所创造的风景奇迹，面对类似大画幅相机精美的影调结构后面强烈地凸现出来的人格的魅力，人们无论如何没有想到的是，段岳衡是通过佳能EOS—5D数码相机妙手天成的结果。他的实践证明了在现代科技高速发展的背景下，只要调动了人的智慧，什么样的奇迹都可能诞生。因为面对数码技术的挑战，当代风景摄影出现了两种截然不同的发展趋向——一些摄影家拒绝数码摄影的诱惑，通过中大画幅相机和传统暗房的力量，一点一点延伸快门释放之后的生命体验；另外一些摄影家则早已伸开双臂热情拥抱数码技术的春天，在躁动不安的时代节奏面前唯一可以抱怨的是：数码相机的像素还

名家案例——段岳衡01

名家案例——段岳衡02

名家案例——段岳衡 03

不能如愿表达心灵的话语，焦灼地等待更新的技术彻底击败传统的银盐胶片……段岳衡则在多年艰苦探索的历程中，找到了第三条道路，比无数的同行者早一步领略到了创意的快感。

　　首先，段岳衡具备扎实的传统工艺制作基础，凭借在黑白暗房中磨砺多年的深厚功底，深知如何在黑白灰之间释放视觉的奇迹。同时他又通过大胆的实践和锲而不舍的探索，在现代电脑的有限空间中，进退自如地将不到 2000 万像素的影像调理出足可与大画幅相机媲美的影调空间。这时候的摄影家首先是一位诗人，通过他的作品，奇迹出现了：心里感受到的情感，被巧妙地留在了单反相机冰冷的躯壳之中。接下来，摄影家又成为一位智者，充分调动了看似单调的 0 和 1 的数字空间，传递出无所不在的华丽诗章。这样一种难以显现的精神世界，在段岳衡的风景中得到了充分的揭示，却又简单得让人难以置信。所以我才说，通过段岳衡的风景，我想到了摄影之外更多的东西，比如哲学，比如禅宗，等等。所以我很难确信是否应该将他的作品放在传统风光摄影的领域，还是放在当代的观念实践之中。只是有一点是无可置疑的——摄影家是带着一种朝圣的心情，对大自然致以深深的敬意。

？思考练习

1.光线始终是摄影中的重要元素，然而在风光摄影中它的特殊点在哪里？

2.特殊的气候对于风光的拍摄有利有弊，请举例说明。

3.日落和日出是风景摄影师最喜欢的题材之一，其特征有哪些？

4.拍摄山景和水景有明显的不同之处，请分别说明其特征。

5.园林风光和都市景观各有其美妙之处，它们各有什么审美特征？

6.风光摄影的氛围营造和创意表现主要有哪些方面？

六、专题之三——旅游摄影

数码相机的普及，使旅游摄影变得更为轻松简单，更为平民化和普及化。但是，面对这样的挑战，如何拍摄出与众不同的旅游照片，在这一章中可以找到答案。同时，它也将帮助你意识到，旅游摄影并非是简单地拍摄一张纪念照，更重要的是，从民俗风情和生态环境等多方面考虑更多。

目的 —— 通过看上去轻松简单的旅游摄影，在平民化和普及化的空间做出挑战，从而拍摄出与众不同的旅游照片。

重点 —— 旅游摄影并非是简单地拍摄一张纪念照，更重要的是，从民俗风情和生态环境等进行多方面的考虑。

课时 —— 6课时

1. 准备工作与器材

旅游作为一种独特的生活方式始于何时，恐怕已无从考证。然而在当今世界上，旅游成为现代人生活不可或缺的一部分却是一个不争的事实。蓬勃发展的旅游事业已成为一种世界性的产业，并发展为一门引人关注的学问。据世界旅游组织提供的数字，1950年在世界各地有2500万人出国旅游。而到1995年，这一人数上升到5.6亿，这些旅游者的旅游费用也已达到3.2亿美元的天文数字。据该组织预测，到2010年，出国旅游的人数每年可能超过10亿。

在外出旅游摄影之前，你可以先设置一下数码相机的一些参数，主要是针对旅途中拍摄风景和旅游纪念照的特点，分别参照风光摄影和人像摄影的设置。

要想成功地在旅途中拍摄到精彩的旅游照片，预先浏览旅游资料是重要的一环。应该浏览的旅游资料包括文字资料、图片以及其他视觉媒体资料。

当我们准备前往某个旅游点时，找一些介绍该旅游点的书籍和文章仔细阅读一下是很有意义的。阅读的着重点主要有这样几方面。一是了解旅游点的风景特征和民俗风情，包括一些有价值的细节资料，做到拍摄时胸有成竹。二是通过对当地拍摄题材的了解，事先准备好一些有用的摄影器材，而将一些根本用不上的摄影器材留在家中，减轻旅途的负担。比如当你了解到当地有景色迷人的溶洞时，就应该带上稳定的三脚架，保证在弱暗的光线下稳定照相机，否则就难以记录溶洞的景色。三是要通过文字介绍注意旅游点上的四季特征和天气情况，一方面可以准备一些对付特殊气候的用具，另一方面可以防止因缺少准备而与有地方特色和气氛感的旅游照片失之交臂。比如你所去的是多雾的山区，就要做好清晨早起的准备，否则就可能无缘一睹朦胧多变的山区雾景。

通过图片资料可以形象地了解旅游点的风貌特征，特别是一些摄影家的精彩作品，更会对你的旅游摄影产生启发。图片资料多多益善，尽可能是全方位的，避免形成单一的印象，对旅游点一知半解。然而观看别人的摄影作品不是让你去模仿别人的拍摄手法，恰恰相反，通过不同类型的旅游图片，在参考别人的拍摄角度、用光方法等基础上，以反向的思维方式，避免拍摄出和别人重复的画面，以不同凡响的旅游照片凸现自己的个性。

随着现代传媒的迅速发展，多角度多方面了解旅游景点的资料已经不是一件难事。比如可以通过电视和录像片，先对旅游点神游一番，然后再通过亲身的体验，获得个性化的旅游照片。还可以通过国际互联网，事先查阅旅游点的各方面资料，通过鼠标的轻轻点击，做到全局在胸。当然，你也可以在旅途归来后，将自己拍摄的精彩画面传给相关的网站，说不定还能让你"一举成名"！

小型数码相机在旅途上的优势就是轻巧便利

即便是专业器材，旅途上也是以轻巧简便为好

至于器材的准备，主要是根据旅途的长短和拍摄的需要而定。如果是一天的短途旅游，拍摄的画面不会很多，同时也只是以旅游纪念照为主的话，可以选择中低档的数码相机，带上4G左右的储存卡，就足以对付一路上的拍摄了。如果旅途较长，比如远足西藏、新疆，同时又不想放弃一路上的精彩画面，那么最好携带中高档的数码相机，比如具有较大变焦比的发烧型数码相机或者具有多个不同变焦范围镜头的数码单反相机，以保证画面的优秀素质，可以用于各种场合。建议携带多块32G以上的储存卡轮流使用，可能的话再备一台轻薄型的笔记本，有空时就将拍摄的图像导入电脑进行备份。

出行前的资料浏览是旅游摄影重要的一环

旅途中的数码相机的使用，很关键的一个问题就是电源电力。现代数码相机离开了电源就无法工作，因此最好带上两个以上充电电池轮换使用，然后在晚上及时进行充电。

旅途中应该注意小心保养数码相机，以延长其使用的寿命。保养和使用的要点如下：

除了少部分防水型数码相机外，大部分数码相机都不具备防水功能，一旦流水进入相机，就很容易造成短路，因此在携带时千万注意，最好装在有防水功能的摄影包内。

灰尘也是数码相机的天敌，尤其是数码相机的CCD或者是CMOS一旦沾上灰尘，使用小光圈拍摄时画面上就会出现黑点，破坏画面的纯净度。因此如果是单反数码相机，

旅途中准备一些相机清洁工具是很有必要的

最好将机身和镜头作为整体存放，不要分开，减少灰尘进入的可能性。在拍摄过程中也应该时时注意防尘，比如尽量减少单反数码相机的更换镜头的次数，更换时选择避风处，迅速操作，并且随时盖上镜头后盖，尽可能减少灰尘进入的概率。

旅途中携带一些清洁保养工具，比如吹气球、镜头纸、软毛刷等等，随时清除镜头和机身上的灰尘或脏污。

2. 旅途中交通工具的拍摄

旅游摄影所包含的方面是非常广泛的。比如，一踏上旅途，就要和汽车、火车、轮船乃至飞机等交通工具结缘。这些交通工具包括拍摄和这些交通工具相关的各种设施，应该也是旅游摄影很好的关注对象。

汽车和火车是最常见的交通工具，其拍摄的方式可以有两种，一种是在行驶的车辆中拍摄窗外的风景，丰富对自然景观的记录，一种是拍摄车内的生活场景，为旅游的过程留下值得纪念的生活情趣。

借助车窗和人物的框架，展现窗外的景观，可以具有

船上船外的风景一样的多彩多姿

通过车窗记录旅途上的感受

Tips

熟悉环境

当你到一个不熟悉的地点拍摄时，必须尽可能在出发前研究那里的情况，这样才可能获得更多的拍摄机遇。在到达之前，可以通过附近的旅游信息中心获得更多的信息，还可以通过明信片、挂历以及旅游指南了解当地有特色的景观。在糟糕的天气，还可以花些时间探索新的拍摄景点，或者记下它可以在好天气重新再来拍摄的线索，甚至可以换一个时段，比如黎明或傍晚、涨潮或落潮等等。

双重的意味，留下更多值得回忆的细节。

在汽车或火车上靠窗而坐，偶尔也会遇上有价值的自然风光或是有趣的风土民俗生活，比如日出日落、农耕野牧，都可收入镜头之中，千万不要任其失之交臂。由于车行的速度比较快，一般情况下要用较高的快门速度拍摄，尽可能清晰地表现窗外的景物。这时候可以选用镜头视角比较宽的广角镜，有利于稳定照相机，避免因长镜头的使用产生的抖动。有时遇上一些色彩组合比较抽象的景物，如一路绿柳、四野黄花，也可以大胆地利用较慢的快门速度，假借车行的速度拍一幅虚化抽象的彩墨图，充分表达"旅途"这一动感的主题。

除了从车厢向外拍摄之外，也可以在汽车停留的途中，拍摄人物在车厢外的活动场景，也能展现丰富的人文地理特征。

与汽车相比较，火车的空间相对宽松一些，人物的活动也就呈现出更为多彩的形态。比如读书看报、下棋打牌、哄孩子、侃大山，都可以用照相机记录下来，保存一点人们在平常紧张生活中所无法看到的轻松、真实的心态。如果你是一位摄影的发烧友，火车中的仔细观察，还可以为你找到许多日常生活中不易抓取的画面。比如就有摄影家以火车上的"睡"为题，抓拍了形形色色的睡相，让人忍俊不禁，感叹生活的缤纷多彩。其实这样的主题还很多，比如火车上的"吃"、火车上的"玩"、火车上的"情侣"等等，千姿百态，就等着每一位有心者的发现目光。

我们还可以在车厢里拍摄旅途纪念照，将人物与车厢外面的风景结合在一起。拍摄时可以采用两种不同的方式：一是根据窗外的光线曝光，让人物靠窗而坐，将人物拍摄成剪影的状态，保证窗外景色的色彩影调的正常还原；二是借助闪光灯，可以是数码相机的内置闪光灯，也可以是外加的独立闪光灯，通过闪光灯的亮度使内外的光照达到平衡。注意在使用闪光灯时，光照强度不要超过外面的自然光亮度，否则会有不真实的感觉。

轮船是最宽敞的交通工具，从船舱到甲板，活动范围相对比较大，这时候学会利用手中的照相机，不仅可拍出有意义的照片，也可以增添船上旅途的趣味性。在船上可以拍摄的题材和景观大致有以下一些。

首先，在船尾拍摄上下翻飞觅食的海鸥，是练习旅游抓拍的一个极好机会。面对海上翻飞的海鸥，照相机的快门速度要高，光圈也要尽可能小些，利用大景深弥补快速抓拍时的对焦误差。镜头可以根据不同的情况而定，如果是成群的海鸥，一般的标准镜就能获得热闹的气氛。如果想捕捉一两只海鸥独特的动感，则必须选择200mm以上的镜头，在跟踪的过程中果断地按下快门。

倚在宽敞的船舷边拍纪念照也很有特色，一边是人和甲板，一边是翻涌的海浪，还可抓住有轮船经过的一段时间，以远处的海轮为远景，丰富海上旅游照的内容。遇上晴朗的日子，最好是早早地守候在甲板上，等待一轮旭日从海上跃出，或在黄昏时做好准备，等待落日沉沉坠向海平线，完成一幅"晨光日出"或"潮涌落日"图。

在船上还可以通过船舱由里向外拍摄，将游船的特征和人物的纪念照结合在一起。或者充分注意游船内的各种特征，将旅途中的特色尽可能展现出来。

要想在民航飞机上拍摄好照片，首先要坐在窗口处，其次窗口的位置也很有讲究：机身中部窗口对着机翼，可以把它作为前景。但机翼横在其中，总给人一种似曾相识的感觉，也容易使画面不完整。机身后部窗口正对

空中的喜马拉雅山脉不会在记忆中消失

着飞机发动机尾喷口，一股尾气流会影响景物成像，但也会产生特殊效果，有时也可以拍出上好的照片。最佳位置应该在飞机的前部，这里视野开阔，有利于俯拍，抓取千变万化的空中景观。最好在前一天通过电视台的高空气象云图天气预报，了解所乘飞机经过地方的天气情况，并事先通过一些资料对途经的城市地形和较大的名胜古迹有所研究，不至于到时措手不及。

注意逆光时机窗玻璃的反光干扰

飞机上的拍摄第一反应要快。飞机的高速航行加上景物光线也是在快速变化，不等你想好就会为新景所代替，所以反应慢了，就无法完成任何拍摄，这也是航拍的最大特点。第二，在瞬息万变的世界中，你只能凭着感觉去多多捕捉。第三是要用大光圈。机舱的舷窗是双层有机球面玻璃，光线透射受到一些影响，加上玻璃上的划痕和污迹很多，所以拍摄时必须尽量开大光圈，让景深缩短，同时让镜头靠近机窗玻璃，从而使玻璃上的斑痕不致影响底片的画面效果。但不要将镜头紧贴机窗，以防相机随飞机一起震动。第四就是应该尽量提高快门速度。因为飞机飞行中有一种高频率的振动，只有高速快门才能使画面清晰。

飞机上的拍摄通常在使用标准镜或小广角镜时，以1/250秒以上的速度为宜，如果镜头焦距较长，还应相对提高快门速度。

3. 旅游纪念照

旅游摄影中将人物和自然景观结合，目的是起到到此一游的纪念作用。有人说"到此一游"的纪念照在数码时代已经落伍，通过PS的数码后期处理甚至可以轻易制作一张任何人登上月球的照片。但是在现场的实际拍摄，远比后期的合成来得真实自然。问题是一般的旅游者都知道，旅游纪念照绝非仅仅是人和景物的简单相加，但是一旦站在风景前，却又往往不知道如何才能获得一张更有价值的画面。加上旅途的疲劳和时间的紧促，常常一拍了之，留下诸多的遗憾。

我们先来制订一些简单的标准：什么样的旅游纪念照才算是比较好的，或者说是不落俗套的。

旅游纪念照的基本标准就是人和景观都清晰。但是即便两者都清晰了，充其量也只是一张最基本意义上的纪念照。一张好的旅游纪念照，还应该在人物与自然景观的比例上、相互之间的安排关系上、甚至人物的神态捕捉等诸多方面，发掘出之间内在的联系，调动一切造型语言要素，才能使旅游摄影上升到一个更高的层次。

对于一张好的旅游纪念照来说，最基本的要求是让观众知道是在什么样的一个环境中拍摄的，同时被拍摄的人物

Tips

旅游中的观察

不要试图把所有旅游画面拍得大而全，确定拍摄一个主体，其他的景物若不能烘托就压缩或排除掉，默默感受一下这个主体，用一个形容词来概括它。例如：拍一座坚固的桥、拍一个古老的村寨、拍一面恬静的湖水、拍一个闷热的菜市、拍一位忧伤的母亲、拍一条懒洋洋的狗……

旅游纪念照完全可以不拘一格、自由发挥

人和景物的比例关系可以自由进行调节

独特的光线也可以成为一种纪念

特征也必须清楚，让观众同时知道是谁在这样一个自然景观中被拍摄。

因景不同而采用不同的方法拍摄，是旅游摄影纪念照成功的关键所在。不同的景物有不同的个性，人物与之对应、协调是很关键。举个简单的例子，同样让少女在水景前留影，以平如镜面的秋水为背景时，人物的造型可以端庄些，神态可以沉稳些，从而和景观一起蕴藏更深沉的力量；如果是在水花飞溅的海浪或喧闹的瀑布前留影，人物造型可以尽可能轻松些，随意些，或欢呼雀跃，或舒展多姿，充分强调动感。又比如一天中的黄昏是海滨留影的绝佳时机，可以为朋友或家人在沙滩上拍摄一幅拾贝的剪影图，或是直接以落日为背景，以辽阔的海景形成宏大的气势，让人回肠荡气。

"面对镜头，脸带三分笑"的典型纪念照可以拍，但是关键是要和环境吻合，只要自然得当就可以了。

如何决定人物与自然景观的比例，也是一个比较重要的问题。对于旅游摄影的纪念照构图来说，景物应该在取景框中占多大的比例，人物放在什么位置上，人物和景物的关系如何，要在最短的时间里做出明智的判断，确实并非一件易事。所以，到了旅游的目的地，在时间允许的情况下，不必急着举起照相机去拍摄纪念照。最盲目的做法就是等在一长串的旅游者后面，轮到一个固定的位置，拍摄已经被无数人早已拍腻了的镜头，结果使自己的旅游照片缺乏独有的个性。

避开人物与自然景观的相互之间的比例已经被"固化"的场景，因为这类场景很难说适合每一个旅游者自己的独特要求。

在拍摄纪念照时，必须考虑人与景物之间的均衡感。拍摄时既不要让景物压倒了人，也不要只见人而不见景，失去了旅游摄影的纪念意义。人们拍摄旅游纪念照最容易犯的一个毛病，就是不管自然景观或纪念物的大小，让被拍摄对象往这些景观面前一站，拍摄者一直往后退，到取景框中能把整个景观拍完整为止。如果这时的自然景观很大，人物就会变得不显眼甚至无法辨认，而如果自然景观很小，人物往往又会显得太大，很容易遮挡住自然景观的一些重要特征，难以起到信息量完整传达的目的。

最简单实用的方法就是，当纪念景物比较大时，人物可以和景物相距较大些的距离，尽量往镜头前面站一些，这样景物就会显得相对小些，和人物比较匹配；而当景物比较小时，人物就往景物前面靠些，充分利用近大远小的成像规律，使人物和景物形成协调。

在一些场合中，为了突出自然景观的宏大气势，也可以通过较小的人物起到衬托的作用，"牺牲"人物的细节达到陪衬效果。这幅画面中的人物和景物的关系就比较合适。

在背景的处理上，我们还要注意避免视觉选择性的干扰。人眼的注意和视觉是有选择性的，而照相机却机械地记录视野内的一切。我们时常会看到这样的画面：在旅游纪念照中，人物正好与背景上的一棵树相叠，仿佛那棵树是从人的头顶"长出来"的；或是人物的身后有电线横贯画面，其中一条电线与人头相叠，如同从左耳穿入又从右耳穿出。我们称这是一种叫"视觉选择性"的心理因素在作怪，而几乎每个拍照的人都吃过"视觉选择性"的苦头。避免的方法是：在拍摄前平心静气地仔细观察，移动脚步排除上下左右的各种干扰，在获得主体形象的美感的瞬间尽可能消除不必要的失误，使拍到的画面与感觉到的真正一致，而且有时还可能发现一些更激动人心的画面组合。

数码摄影通用技法

融入当地的风俗是最好的纪念

4. 旅游集体照

如果你与家人一起外出旅游，或是和一大群同学、朋友结伴远足，就会想起在旅游点上拍几张集体纪念照。和单人的旅游纪念照一样，集体纪念照除了人数比较多以外，也应该遵循前面提到的一些原则，尽可能地兼顾人物和自然环境的关系，真正起到到此一游的纪念作用。要想满足这样的要求，难度可能会比单人的纪念照来得大。因为在画面中人物的数量一多，面积也就相对大，自然会遮挡住背景中的部分景物，影响画面信息量的充分传达。注意将人物安排好后，能够充分展示周围的环境特征，避免失去到此一游的纪念作用。

逆光下的集体照可以保证阳光不刺眼

平衡人物与自然景观的同时，要注意选择画面中自然景观不太重要的位置放置人物，让重要的纪念物和人物相为呼应。

接下来的问题是，集体纪念照是多人的组合，于是就牵涉到组合的关系。这是一个很容易被人们忽略的问题，大多数人都会认为，集体照不就是大家排在一起面对镜头的照片吗？只要每一张脸拍摄清楚了，还要讲究什么组合关系？于是我们看到的大多数旅游集体纪念照，都如同阅兵场上受检阅的士兵，大家排齐了一起看镜头，显得很呆板。其实这样的整齐一律的拍摄方式充其量只适合于一般的会议集体照的拍摄，对于原本应该生动活泼的旅游集体纪念照来说，未免显得太一般了。从侧面拍摄的这幅画面，也许比正面的拍摄更生动。

于是，旅游集体纪念照的排列方式也很重要，一般有以下这样几种排列。

第一种是相对严谨的排列方式，主要适合于包括老一辈在内的家人集体组合，原则上是按辈分排。人少时排一行，人多时可多排几行。要求在前后排列时，高低错开，长辈先排，然后按年龄辈分前后左右，尽可能轻松自然，并兼顾自然环境的特点。过于自由的排列可能不符合老一辈人的愿望，也就不必勉为其难。

第二种是自由组合排列，也没有一定组合规则，目的是尽量摆脱呆板单调的方式，寻求动感自然。所有的人物凭借自然的环境，可站、可坐、可倚、可靠，最后再看取景框中的构图，逐个进行适当的调整、安排。这样的排列方式较难，但效果则最理想。

一张生动的旅游集体纪念照，关键是同中有异，稳中求变。除了选好拍摄位置，利用层层台阶，高低起伏的山坡，让人物或蹲或站，或倚或坐，尽可能轻松自如之外，还可以选择一个有纪念意义的景物，如一尊塑像、一个铜香炉等，大家自然地围在一起，甚至不看镜头，而将视点集中到镜头外的某些趣味点上，这样的旅游集体照才能耐看，也更有纪念意义。

集体纪念照的总体原则是必须注意画面的色彩、线条平衡，人群疏密得当，姿态也应多样化，同时也正好兼顾自然环境的特点，有意让出些空档将背景上有特色的纪念景观的特点露出来，满足纪念照的要求。

下面还有一些拍摄细节上的注意点：

由于集体照人多，必须做到使每一位被拍摄者都清晰，所以画面景深的掌握是关键。为了保证众人形象清晰，最好选用小光圈拍摄，通过大景深将所有人物以及背后的纪念物都拍摄清楚。如果周围的条件许可，不妨采用居高临下的拍摄点，很容易满足前后清晰的要求，画面的变化也颇有情趣。

在时间充裕的情况下，最好使用三脚架固定相机拍摄。因为一旦光圈小了，为了满足曝光的要求，快门速度自然会降低，

利用环境的地理位置构成高低错落

这样的组合是否显得有点另类？

三脚架就可以避免照相机的抖动，获得清晰的画面。拍摄时最好一只眼睛对着取景器或显示屏，另一只眼睛注意着合影者，甚至在取景构图完全稳定的条件下，不要通过取景器而是直接面对被拍摄者，寻找有趣的表情瞬间按下快门。使用三脚架的好处还在于利用照相机上自拍装置，将自己也一起加入集体照的行列中去。

考虑到人数比较多的集体照，建议使用像素较高的数码相机拍摄，比如 600 万以上像素的数码单反相机。因为像素太低的数码相机分辨率不够，拍摄的人一多，人物在画面中很小，就会显得很粗糙，无法放大到需要的尺寸，也就失去了纪念意义。

对于重要的集体纪念照来说，应尽量多拍几张，每拍一张就对人群调整一下，使画面的变化余地更大，以后的选择也相对容易。由于不能保证每一个人都在微笑或神情自然，所以多拍几张，也能增加挑选余地。

5. 民情风俗摄影

在旅游摄影中面对的自然和人群，还有着更为丰富的内涵和更为广宽的表现天地，尤其是民俗风情，更能准确地传达出独特的人文景观和地域特征，为全方位地展示旅游摄影的魅力提供了极好的基础。

民俗摄影也就是指以民俗事象为对象的文献摄影活动，是以平面的二维空间的表现形式，直接面对现场的目击和保留民俗事象的特殊方式。拍摄每一处旅游点上人们的服装饰物，稀奇古怪的店铺窗口，醒目的街头图案，异彩纷呈的民间节日、体育活动，以及婚丧嫁娶等人生大事等——这些由不同的地域文化为基础的风情民俗，是对旅游生活最好的补充。

随着生活习俗的变化，外来文化的影响，延续了数千年的传统民俗文化正在越来越快地消亡，用照相机及时记录这些民族文化珍贵的形象遗产，也是今天的旅游摄影的一份义不容辞的责任。

旅游摄影要尊重当地人民的信仰和民俗习惯，绝不能为了猎奇，触犯禁忌，更不能对少数民族的风俗信仰有丝毫的亵渎和不敬。遇上有些人不喜欢别人拍照，不要任着性子去拍摄，以免引起不快。一些边远地区的少数民族居民，长期住在深山老林，与外界接触少，进入他们的寨子时，最好请一位本地人带路，既便于对话，又可了解其风俗习惯，从而能够成功地拍到一些民俗照片。如果当地人愿意你为他们拍摄一些照片，并提出要求得到照片，那就一定要做到，不要一走了之，失信于人，否则，他们就可能不与后来的摄影者合作。

在拍摄少数民族的同时还需通过细心的了解，用文字记录一些风土习俗的背景、由来和特性，这样就使照片更有传播和保存价值了。

分布在祖国大地上的少数民族中的图像精彩纷呈，有刚刚脱离原始社会刀耕火种的云南省基诺族人，有被认为是人类活化石、还处于母系社会的摩梭人，还有至今留有奴隶社会习俗痕迹的四川省大小凉山彝族兄弟……假如有幸在少数民族集中的地区旅游，又遇上地方上的节日，那可是旅游摄影大显身手的好机会。当然我们也不要一味地

高处展现餐桌上的民俗

追求表面形式上的热闹，而忽略了从内在精神上去表现不同民族的特色本质。同样拍摄少数民族和马，蒙古族爱马以那达慕赛马大会表现他们对健与美的追求；而哈萨克族爱马则通过"叼羊"和"姑娘追"反映一种质朴的性格美。民族的服饰也各有千秋，人称素衣民族的朝鲜族以白为美，彝族则以黑色显示严肃深沉的性格，而维吾尔族喜着色彩艳丽、对比强烈的服饰展示性格开朗、热情活泼的一面。

拍摄少数民族的服饰可以从正侧背等各种角度全方位猎取，积累逐渐消失的民俗资料。

古老的民俗依旧有着强大的生命力

拍摄各地风情民俗，不是仅仅指拍摄那些带有鲜明民族特色的少数民族生活，而且这些个性异常鲜明的民俗风情在旅途中遇上的比例不会太高。旅游摄影的捕捉对象更多的是一些看上去很普通的人们生活场景，比如：以江南古镇袅袅炊烟升起的黎明为背景，拍摄在河边洗衣淘米的村姑，或是打着蒲扇生煤球炉的老伯，就是一曲轻松柔曼的江南丝竹；假如在夕阳如醉的西北黄昏，拍摄高高的白杨树下几个吆喝着赶着羊群回家的牧童，分明又是一段苍凉古漠的塞上吟；还有水乡姑娘采春茶，秋夜带着网具、燃起煤油灯捕蟹的农民，清明时节一路香烟缭绕的善男信女……到时千万不要熟视无睹，错过了拍摄的好机会。

注意发现一些行将消逝的民俗细节

日常生活民俗包含有受不同地域、不同文化传统和审美心态影响的细微差别，有时候就是一些细节的特写构成，这样的拍摄也有利于培养敏锐的观察能力。

6．生态环境摄影

作为一个有现代意识的旅游者，不能不关心我们周围的生态环境。通过自己手中的照相机时时刻刻记录这个星球一切美丽的自然生态现象，或不文明的生态破坏场景，应该提上议事日程。尤其是通过图像来深入理解我们的世界，是摄影无法被替代的力量和魅力所在。事实上，对生态环境的记录，需要更多人的关注和努力，充分利用旅游摄影的力量，正是弥补专业摄影师不足的最好方式。

风光摄影曾经是我国20世纪70年代最先恢复生机、繁荣发展的摄影门类，人们善意地认为可以通过讴歌祖国的大好河山来增强全国人民热爱山水的情怀。然而，当时大多数风光摄影在这种陶情冶志之中，并没有意识到增强生态环境保护意识的重要。风光摄影作品美是否真的等于山水田园美？进而等于自然环境质量高？事实上，优美的光影可以揭示江河的雄浑、沙丘线条的性感，却同样可以遮蔽甚至美化水土流失的严重性、沙漠化的危害性。今天，许许多多的照片正在改变我们观察视点。令人触目惊心的是，我们的工业生产和建设是伴随着有毒有害物质、水和气的大量排放而发展的，农业产量的大幅度提高是以围湖造田、开山造田、弃牧（场）垦田来实现的……由于这样人为地一再失误，大自然已经以不同的方式报复我们。

对于每一个旅游者，或者旅游摄影者来说（如今很少有旅游者是不带照相机外出的），一旦走向社会、走入自然，只要在地球上活动，就必然要涉及人、自然、环境、生物链等行为，就不得不考虑我们对地球所负有的"责任"，摄影尤其是责无旁贷的。

当今人类已经比任何时候都更关注生存环境和生存质量，摄影图像正是一种直接的纪录和传达。这些影像不仅仅让人类了解了自己的聪明、才智和创造力——自然的

从宏观的角度记录生态的现状　　　　　无处不在的生态危机值得用镜头去提醒

美丽与和谐，生活的宁静与生机，艺术的奇巧与魅力，也同样让人类了解了自己的愚昧、贪婪和破坏性。

　　只要留心发现，持之以恒在旅途中不断地拍摄积累，生态环境科学记录所带来收获总有一天会超越旅游生活本身的固有价值。

　　此外，对于旅游摄影来说，环境摄影大致可划分为以下这样一些类型。

　　一是美丽的自然和生态环境。这里的出发点不是风光摄影，不拍奇峰绝壁，也不拍云海茫茫，主要的是两个重要的环境因素：第一是与人类生活生存的环境相关，第二是与生物保护和生态环境相关。而这正是环境摄影与风光摄影的区别，其作用是唤起人们珍惜、爱护和保护我们的生存环境的意识。

　　二是人与环境的和谐关系。主要是从正面反映人与自然之间的关系，人类生活在自然环境中，享受着大自然带给人类的各种恩惠。在拍摄这部分照片时，人与自然环境背景要同时在照片中出现，表现出人与自然和睦相处的情景。因为这类照片体现了环境保护的宗旨。

　　三是环境破坏。有大量的环境摄影是属于这类题材，它是最早最直接反映环境污染问题的，它把环境污染和环境破坏的现象非常直截了当地展现在人们面前，为人们敲响警钟。

　　环境破坏主要分为两方面内容：首先是污染问题，来自工业和其他方面的污染，对人类赖以生存的大气环境和水环境造成破坏；其次是生态破坏，主要指森林破坏、水源短缺而造成的生态影响。

　　第四是污染对人类的危害。这类的内容，也是环境摄影的一个重要部

从微观的角度刻画生态的发展

分，这类照片主要表现污染对人的影响，尤其强调人是环境摄影的主体和焦点，这类照片拍摄方法也是以人的特写为主，正因为如此，这类照片往往更具有人情味，更能深刻地揭示污染的危害，有更强烈的冲击力，因而也更能打动人。

的确，试想有那么一天，取景框中已不是绿色的森林和草地，而是钢筋水泥和荒山秃岭，你又能上哪儿去旅游呢？一个有幸而又不幸地生活在 21 世纪的旅游者，当你在摄影包里装上最有现代特征的数码相机时，千万别忘记在自己的大脑中装上生态环境意识这一现代观念，这样才能在踏遍万水千山的同时有一种真正的充实感和自信心。

7. 异域采风要点

对于今天的中国人来说，出国旅游已经不是一件难事了。我们可以随时背起心爱的数码相机跨出国门，近的是新、马、泰南国风韵，远的是欧陆、澳洲风情，使人亲眼目睹世界奇妙。

拍摄那些充满异乡情调的照片，是一种创造性的奇遇活动，也是一次难得而特殊的旅行印象，记录性的照片收获常常会超过旅游本身。

毕竟出一次国门不容易，有人为此花大量精力做前期准备，采购一大堆摄影器材，以为越多越好，可以方便使用，生怕错过好机会，但往往事与愿违。经验证明，最佳的旅游照片都是在熟练使用所有的摄影器材时拍摄出来的。如果是使用单反数码相机的话，不妨多带一台轻巧灵便的一体化小型数码相机，以防在单反相机拍摄不够便利或受到限制的情况下，随时出手拍摄稍纵即逝的画面。除了作摄影器材准备外，千万别漏了另外一项准备工作：了解当地的文化、风俗、宗教、生活习惯，特别是在一些国家中，有些对象被认为是不能拍摄的，是对私人权利的侵犯，务必要注意，以免引来不必要的麻烦。

一般情况下，出国旅行只需像平时旅行一样，一架足够变焦范围的数码相机就够了——当然最好要有比较宽的广角范围，一只大功率的闪光灯，加上足够的储存卡。

假如是乘飞机旅行，最好把数码相机等器材妥善地装在摄影包内随身带，这样可避免他人搬运时发生意外。数码相机带在身边的好处还有可以随时记录旅途的画面，包括在飞机上的航拍，拍摄机场上的异国风情等等。注意一些国外机场的敏感区域是不能拍摄的，如果看到标志或是受到提醒，就不应该任性拍摄，否则容易带来不小的麻烦。

旅游使人们对各个不同国家的感受变得敏锐起来，很自然就会注意有关的事物、人物，而不会像平时对那些熟悉的东西熟视无睹，视觉迟钝，从而具有一种本能的强烈意识感觉，抓拍到能表达某地独特风格的照片。

去国外旅行，对摄影创作者而言有很多优势，可以很好地利用一个旅游者的自我意识，体验各个不同地域的空间、光线、陌生景地及声音。

去国外拍摄，因常常时间匆忙，最容易也是最想拍的题材恐怕就是有异国情调的人物和名胜古迹了。但是要尽可能从不同角度、不同主题多拍些，跳出他人已经拍摄过的局限，使照片全面化、多样化，最好前后连贯，并有一定故事情节，这样回国后可以编辑一本以照片为

Tips

花卉摄影的构图

将主要的花朵放在画面的黄金分割点上，使其成为趣味中心；利用影调的明暗烘托主体——浅色的花卉选择深暗的背景，深色的花卉选择浅亮的背景；运用景深原理，尽可能开大光圈，将焦点对准在主体的花卉上，使其他景物和背景虚化，使主体花卉特别显眼……

异域的细节很容易吸引人们的目光

黄包车和婚车并置，展开一个情趣丰富的新德里

黄金小巷里的提线木偶，逊色于金发女郎

主的域外游记，别有趣味。

如果是随旅游团外出，自由活动的时间很少，应该抓紧时间，充分利用一些机动的时间拍摄自己感兴趣的画面。比如一早一晚拍摄旅馆周围的景观，又比如国外旅游时常常会安排一些购物时间，如果你对购物不感兴趣，不妨利用这一两个小时的时间遛到大街上拍摄风土人情。但是一定要掌握好集合的时间，不要让大家等你一个人，耽误了行程。

对那些曾在画册上无数次瞻仰过的世界名胜，一旦身临其境，也许会感到这既陌生而熟悉的地方，比起想象中显得平凡。因此捕捉一些不同寻常的细节，可以大大提高作品的感染力。

最佳的摄影时机有时会突然而临，转眼即逝，尤其是拍摄当地的人物。所以为了捕捉那些自然而有趣的画面，平时可以把相机挂在脖子上，拿起来就拍，熟练的抓拍手法会使照片生色不少。

国外的一些博物馆和画廊会有拍照的限制。一些地方是不允许拍摄的，而一些地方可以拍摄，但是不允许使用闪光灯，以免影响艺术品的保存时间。因此事先应该了解清楚，不要过于随意。

在公共场合拍摄时，要留心不要激怒被拍摄者，引起对方的反感。一旦发生不愉快的情况，一张笑脸，或者是一个表示歉意的动作，往往就能缓和现场气氛，不至于太尴尬。

8. 旅途中的构成

这里我们不妨跳出具体的拍摄题材，试图在旅途中发现一些抽象的组合，看看我们如何在纷乱繁复的大千世界中，随时找到有趣的构成和美丽。如果真的能达到这样的要求，旅游摄影的天空就将是更为精彩纷呈的。

自然界中无处不存在图案构成。不过，你需要训练自己去感悟这些图案、形态、

换一个角度，司空见惯的物体也可能变成图案构成

结构和轮廓等视觉语言。让我们就以森林为拍摄实验，你可以拍摄一张雾气腾腾、地面覆盖着植被的森林照片。但是如果你在森林里仔细观察，就会在看似混乱无序的形态中，发现许许多多的图案。比如，树皮、树枝的排列、叶子的纹路，甚至树木的行列，都会显现出种种令人难以置信的图案，或许它们会使照片具有对称美，将观者带入一种意味深长的意境之中。如果再贴近一些观看，就会看到更丰富的图案，这是摄影构图的最基本的要素。每一棵树，每一片树叶，每一根垂挂的树枝，其本身都具有能被拍成一张好照片的可能性，关键在于要找出某种醒目或有色彩的东西，某种强有力的要素，形成可供拍出富有视觉冲击力照片的图案。

随着慢慢走近拍摄对象，通过照相机，你就可以发现各种各样的图案，令人惊喜不已。当然也包括那些带有民俗意味的结构造型。

比如用被摄物的形状、颜色、大小或图形等的重复性，可以获得十分出色的构图。当一些相同的物体重复排列时，图案就产生了。这种图案模式，或者十分有规则，每个物体的形状和大小相同，彼此的间隔距离相同；或呈现出一种松散的结构。反过来说，一幅照片的节奏和韵律，可以理解为构图成分有规律地交替，并在一定的间隔中重复地出现。通过重复，观众能预感到这些形象的再现，使观赏的注意力也一同参与动感的变化，获得审美的愉悦。最简单的节奏形式，就是画面中的景物其线条和块面被明显地均等地划分成相同或相似的若干部分。重复越多，节奏感和韵律感就越强。

我们可以从竹篱笆、成排的柱子、建筑物的窗户中轻易地截取富有节奏和韵律的画面。这是不难拍下来的——奥妙在于学会发现那些可能并非一看就能发现的图案。

又比如可以通过不同的视点满足构成的要求。从空中俯视，例如在屋顶向下看，往往能有较多的机会发现有趣的图案。用望远镜头从侧面去拍摄成排成行的物体，由于透视的关系，物体间的距离被压缩，就可以拍到层层叠叠、有规律的图案画面。还可以试验从不同的角度去取景，比较一下看哪个角度显示的图案最鲜明。

这些图案包括成行成排的购物手推车、一堆堆建筑工人用的材料以及出厂前完全相同的新汽车。市场上的货摊是图案的绝佳来源，因为雷同的物品相互挨着摆放。而孔雀的羽毛、豹子的皮和排成队列的飞鸟则是自然界里的例子。关键需要训练你的眼睛去发现合适的图案——努力选择几种拍摄方案，然后逐个去拍摄，这些图案一定会令人感兴趣。

于是在旅途中，发现图案构成就可能成为一种无可替代的乐趣。无论在人工构成，还是在自然界，到处都有图案。

对于图案构成来说，打乱图案的模式有时也是很有意思的，这是从逆反思维的角

Tips

奇数与构图

许多年来设计师有这样的说法：奇数总是比偶数来的更具吸引力。在风景中我们也往往看到三棵桦树或者三个相同的灌木丛，而不是两个，出现在园林设计中。奇数在摄影构图中也具有相同的价值。这样，一个主体和两个陪体，往往就是比较合适的组合。观众的目光从主体开始，转向第二个、第三个陪体，然后又会回到主体。三个元素在画面中也是比较容易安排的。

长焦距镜头压缩的都市，就是很好的构成空间

选择相似的局部空间完成有趣的构成效果

借助细小的人物介于抽象和具象之间

度拓宽拍摄空间的有效手段之一。所以，拍摄纯粹的图案很有意思，但是在取景框里确立一个独特的聚焦点，让观者的眼光一下子被吸引到某一点上，在利用有规则的图案的同时，巧妙地打破过于整齐的构成，也许更有魅力。在画面中所需要的，就是其中有一个物体打破整个图案的韵律，例如其形状和大小与其他物体相同，只是色彩不同，这样就引人注目。

请记住，一般情况下，取景时不要将某个打破韵律之物，放在取景框的中心等位置，以免又使画面落入呆板的俗套。

在镜头的使用上，如果用广角镜头从稍侧的角度拍摄一些有规律的块面结构，由于它的透视效果会创造出渐变的图案造型，所以会产生强烈的节奏感。然而在更多的情况下，构成的产生往往是通过长焦距镜头完成的。尤其是我们在使用中长焦距镜头时，由于它的视角比较窄，有利于表现景物的局部，使画面构图简洁、精练、饱满，并通过截取人们平时不常注意的景物和生活片段，产生陌生、奇特的视觉效果。人们在摄影中提到的镜头变形，往往只局限于广角镜头的变形特性，而忽略了中长焦距镜头的拍摄也是一种变形，用好了，也很有趣。

罗丹说，世界上并不缺少美，只是缺少发现。天地如此之大，旅途如此漫长，有什么理由不通过镜头充分展现大自然的美丽构成呢？

由于中长焦距镜头可以拉近被摄物体，强烈压缩画面的视觉空间，在透视效果明显减弱的基础上获得景物相互叠加的图案美感，这也就产生了与广角镜头相反的变形力量。

名家案例之六：弗里曼的旅游摄影

摄影家弗里曼介绍了这样一些有用的在旅途中的拍摄技巧——

旅游中偶遇的嘉年华狂欢和街头游行，为拍摄精彩的照片提供了无尽的机遇，但是必须要有充分的准备和应对。先要决定的是如何从纷乱的场景中提炼出精华部分。这不像是一个单一的事件，需要有一种浓缩的能力。而且嘉年华的表演往往会持续到

晚上，是否选择携带三脚架？这的确是一个两难问题。

早一些找个合适的位置，寻找最佳的视点，并且拍摄游行队伍的大场面。尤其是如果从逆光的角度拍摄大场面，整个游行的氛围将会非常出色。拍完后可以进入街头，集中精力抓取精彩的局部瞬间，尤其是嘉年华的服饰，可能就是整个场景中的亮点。

在拥挤的人群中必须要有预感。这时候观众和演员已经融为一体，狂欢的过程已经不分彼此。孩子的出现肯定也是精彩照片的一个组成部分。所有浪漫的细节都可以收入镜头，组合在一起将会是一个有趣的故事。

如果拍摄是在晚上，小心不要让闪光灯破坏了现场的氛围。注意控制

名家案例——弗里曼 01

闪光灯的曝光量，结合较慢的快门速度，将自然灯光和闪光灯的曝光量达到尽可能的平衡，画面就可能很舒服。甚至只要曝光量合适，闪光灯的清晰凝固和低速快门的背景人群虚化，也是非常可取的画面。

名家案例——弗里曼 02

除了热闹的嘉年华，日常的街头景观也有丰富的拍摄题材。但是我们往往却容易忽略这些日常生活的美妙之处。其实许多著名的摄影家始终将照相机带在身边，而非仅仅在旅游和度假的日子里拍摄。静下心来试着在街头仔细观察自己身边的所有人，你一定会明白许多以往想不到的生动情节被你忽略了。

比如一些城市的空间往往会有滑板者出现，这些表演者的非凡技巧，肯定是街头摄影的精彩瞬间。而且这样一些动感的瞬间，更能锻炼你的抓拍技巧。

当然，集市更能提供宽泛的拍摄空间。这里的拍摄机遇无处不在——从单个的出售鲜花的小贩，到街头集市的纷纷扰扰。无数鲜活的色彩和忙乱的生活，频繁地交错出现。许多商贩都是很有个性的人物，为目光敏锐的摄影家提供了性格化的肖像题材，当然也包括顾客在内。拍摄时可以根据个人的习惯，使用广角镜头逼近被摄主体强调直面对话的空间，也可以使用较长焦距的镜头从远距离抓取生动的神态。当然最方便的是变焦距镜头，采用灵活的对话方式，将街头的鲜活尽可能多地收入囊中。

不管到什么地方旅游度假，总会遇到一些有趣的地标性建筑可以拍摄。尤其是和家人或者一群朋友外出，在地标性建筑前面留影十分具有纪念意义。然而真正对标志性建筑的拍摄，还应该注意以下几个方面。

面对地标性建筑，不一定事无巨细全部收罗其中，选择一些有特点的细节，有时候反而比大而全更有纪念价值。而在拍摄人物和地标的纪念照时，注意人物和环境的关系——不一定要将人物放在画面中央的醒目位置上，也不一定要面对照相机。你可以使用三分法构图的方式，让人物和环境得到较好的融合。当然，人物也可以根据景观的关系调整方向，不一定面对镜头微笑。如果景点上有大量的游客，那就不妨避开他们，另选一个合适的角度，反而可以出新出奇。

如果将人物放在画面的一侧，而不是中央，使用的是广角镜头，就要注意位于相对边缘的人物不要变形。还要注意焦点——因为自动对焦的照相机往往会忽略边缘的物体，从而造

名家案例——弗里曼 03

成边上的人物偏离焦点。这时候可以使用焦点锁定的方式，同时尽可能使用较小的光圈，以保证人物和地标建筑的相对清晰度。

很不幸的是，一些著名的地标建筑正在受到各种现代化元素的入侵，比如广告，还有电线杆等等。此时就要小心观察，环顾四周寻找最为合适的拍摄点，尽量减少这些干扰。还要注意周围的建筑可能会折射出各种反光，此时镜头前加上遮光罩是一个明智的选择。

除此之外，这些景点还会有各种戏剧化的情节出现，保持你的警觉性，相机始终在手上，就是好照片出现的基础。

102

? 思考练习

1.旅游摄影的准备工作有哪些，包括器材之外的准备？

2.旅途的过程也是很好的拍摄题材，不同交通工具的拍摄有何特征？

3.旅游纪念照和集体照有哪些特征，如何求新求变？

4.民俗摄影和生态环境摄影有什么样的社会价值？

5.异域旅行的拍摄有哪些注意的要点，如何避免不愉快？

6.如何在旅途中发现美，将旅途中的司空见惯变成有趣的画面？

七、专题之四——夜景摄影

　　将夜景摄影独立成章，就是想证明夜景摄影的特殊性和独有的难度。夜色中的光源复杂、夜景中的景物特殊，都决定了我们在使用数码相机必须慎重对待。同时，正是夜景摄影的复杂性，为夜景摄影提供了更为多样化的创意空间，尤其是善用数码技术，更是变化无穷。

目的 —— 在夜景摄影复杂性的背景下，找到更为多样化的创意空间，尤其是善用数码技术使其变化无穷。

重点 —— 夜色中的光源复杂、夜景中的景物特殊，都决定了我们在使用数码相机必须慎重对待，巧妙处理。

课时 —— 6课时

1. 夜景摄影的准备

数码摄影夜景摄影的器材和附件

美国《ICP摄影百科全书》对夜景摄影做了这样一段说明：夜间户外摄影一般会有这类问题，不是整个景物暗淡或反差低，便是局部景物照明强烈，其余部分很暗，形成强烈反差。这些问题可以利用电子闪光灯这类辅助光来弥补，但如能仅用现有光拍摄，则最能体现夜间气氛。

夜景摄影有其特殊性，因此在器材的选择上和设置上也有其特点，可以先设置一下数码相机的一些参数，比如设置较低的反差，避免夜景对比度太大造成的细节损失。

夜景摄影曝光时间长，曝光空间的明暗范围也比较多样化，因此最好使用有多次曝光功能的数码相机，以便自由发挥创意。如果不具备这一装置，拍摄一般的夜景也不成问题。如果需要多次曝光，可以使用后期的多画面叠合方式，但是事先必须做一些设计，以便在电脑中能合成得顺利。大部分数码相机有夜景摄影程序以及夜景人像闪光辅助程序，因此适合大多数夜景的拍摄。注意夜景摄影需要长时间的曝光，尤其是需要拍摄大量画面时，电池的电力必须充足，否则很容易导致快门无法释放。

选择一个制高点也是夜景摄影的准备

夜景摄影中的数码相机测光模式也需要考虑，比如普通的平均测光模式对于夜景的测光会有较大的偏差，最好是具有评估测光模式的相机，以便获得相对准确的测光。

夜景摄影的感光度选择以ISO200左右的中速感光度为好，因其反差适中，影调细腻，层次丰富。高感光度设置则反差相对柔和些，适合夜景中灯光强度反差较大的景物的拍摄，能较多地显示高光部分和阴影部分的影纹层次，并能缩短夜景中的曝光的时间，只是噪点会增加，可以权衡使用。一般拍摄时可以选择自动白平衡模式，也可以选择白天拍摄的日光白平衡模式，尽管这样在拍摄夜景时会因灯光的色温低而色调多偏红黄色，但能获得有特殊气氛的暖调效果。如果选择灯光的白平衡，有时候反而效果不好——拍摄到的色彩有点接近白天的色温，反而缺少夜景的情趣。

拍摄夜景选择日光白平衡，可以很好地烘托夜景的氛围，尤其是灯光的暖调，非常真实且令人舒适。

夜景摄影需要长时间的曝光，所以三脚架是很重要的。如果是使用数码单反相机，最好再备一根附有锁定装置的快门线，或者是遥控快门释放装置，以配合B门获得稳定的长时间的曝光效果。对于特殊的夜景摄影，独立闪光灯也是需要的。数码相机的内置闪光灯功率太小，角度也受到限制，在夜景中的发挥余地非常有限。由于夜景中的环境很暗，准备一支笔形的小手电筒，可以在调节数码相机的各种设置时使用，也可以作为人物对焦时的替代光源。

夜景摄影时的各种灯光的杂光很多，在镜头前装上一只遮光罩，不仅能遮挡杂光对底片的影响，还可以配合黑卡纸的使用达到多次曝光的效果。

Tips

室内的夜景

比如酒吧餐厅的灯光条件一般都比较昏暗，数码相机可以调节到比较高的感光度，比如ISO400以上，甚至ISO1600也不妨一试。尽管画面的噪点会随之加大，颗粒也会变粗。但是颗粒的粗细并不妨碍摇滚摄影的表现力，画面粗犷一点反而更贴近摇滚本身，同时高感光度带来的偏色和高反差的效果往往更能表达现场的气氛。

2. 一次曝光法

夜景摄影中最简单的就是一次完成曝光。

一次曝光适用范围：一是在太阳刚刚落下，天色还未全黑之前，路灯已经开亮之时。这时一次完成曝光，天际的霞光能够衬托出景物的轮廓，景物间也有比较多的暗部细节，不至于漆黑一片；二是在灯光密集、亮度比较均匀的繁华街道上拍摄，由于大量灯光也同时照亮了建筑的一些暗部细节，所以用较慢的速度一次完成曝光后，也能通过密集的灯光渲染热闹的气氛。

现代大都市的许多建筑上都装上了泛光灯的照明，光照非常均匀，在这种光照下用一次曝光的方法就能获得非常完美的效果。

天色未黑时拍摄夜景会有更多层次

夜景的光线很弱，如何正确曝光是一个难题，即使是有测光表，也会因各种明暗悬殊的光线而使测光失误，很难测出准确的曝光量。所以在夜景的曝光中，一是可以参考常用的夜景曝光数据进行曝光，比如以使用ISO100感光度为例，光圈以f/5.6不变，针对以下的不同情况，可以选用相应的曝光时间：

节日彩灯和霓虹灯，1/4秒左右；

泛光灯照明的建筑，1/8秒左右；

一般照明下的街道，4秒左右；

橱窗内的灯光照明，1/2秒左右。

拍摄时首先稳定照相机，如果没有三脚架，可以找一些稳固的支撑物如石栏等，放上照相机，在镜头前面垫上一两本书，用以调整照相机的倾斜角度，帮助准确构图。完成构图后，根据前面介绍的曝光估计法决定光

可以通过回放决定夜景的曝光是否准确

圈和快门的大小，然后等待合适的时机。特别是黄昏日落后，一看到建筑物上的灯光亮起，就要不失时机地按下快门，利用自然光线与灯光的组合获得满意的光照效果。在快门速度比较慢时，一定要使用快门线操作，或者选择自拍模式，让照相机在稳定的状态下自动释放，不要直接用手指去按快门，否则很容易因抖动而使画面模糊了。

数码相机可以在拍摄现场随时显示拍摄结果，因此曝光量可随时调整。只要条件许可，应该选择不同的曝光数据多拍摄几张，以备后期选用。因为在夜色中通过液晶取景屏浏览拍摄的夜景，往往会觉得画面很亮，曝光不错。但是回到电脑的屏幕上又会觉得曝光不足。

3. 多次曝光法

夜景摄影的变化之多，一方面增加了拍摄难度，另一方面也为创造多姿多彩的画面提供了题材。多次曝光法主要适用于在以下几种场合拍摄夜景。

一种是地面景物面积比较大，各类灯光比较稀少暗淡，天黑之前又不会全部开亮时。这就需要在天还未黑之前进行第一次曝光，先让景物留下一些暗部层次、外围轮廓以及天空的云霞等等。然后，等天完全黑了，灯光全部亮足了时，再进行第二次曝光，以获得灯光的照明效果。第一次曝光时曝光量掌握在正常值的一半左右，曝光多

Tips

室内闪光灯

有时候可以在室内夜景中使用闪光灯来制造有趣的效果，建议将相机的闪光模式设置为慢门同步，拍摄的时候可以配合快速拉伸镜头制造动感的效果。最好不要使用闪光灯直射，而是通过屋顶或者墙壁的反射光来凝固主体。

长时间曝光形成流动的车灯轨迹

了容易失去夜景的效果。

如果你的数码相机没有重复曝光装置，可以在遮光罩上或镜头前放一块比它大些的黑色硬卡纸，上面用胶布粘在遮光罩上，让它可以自由地翻开、盖上。第一次在天未完全暗前进行曝光，尽可能将光圈收得小些，比如f/11、f/16甚至f/22，这样第一次曝光的快门速度可以放慢到4秒以上，有足够的时间利用黑卡纸完成第一次曝光。如果小型数码相机的光圈无法收得很小，可以试图将感光度调节低一些，也能有效减少曝光量。接下来就要耐心地等待天黑了，看着万家灯火渐渐亮起后，再根据灯光的亮度掀开黑纸曝光几秒钟，随后就可以放开快门线的锁定装置，完成一幅灯火辉煌、暗部细节清晰的夜景照片。

夜景摄影时数码相机的电池电力一定要充足，否则长时间曝光就会在中途中止。在第一次对黄昏景色曝光时，可以略微曝光不足，加上第二次灯光曝光，就会比较真实。

如果能找到一个较高的视点，面对的又是车流不息的繁华街道，那就可以用多次曝光的方法，在画面上留下流畅的车灯轨迹，使夜景变得更多彩迷人。

拍摄时先要仔细构图，让长长的街道贯穿整个画面。接着还是用黑纸遮住镜头，打开B门锁住。这时注意街道上的车辆行驶情况，发现有亮着车灯的车辆从远处驶入画面，或是从近处驶向远方时，轻轻掀起黑纸，等车辆驶出画面后再遮住镜头，如此反复多次，车辆前灯的白色光芒和车辆尾灯的红色光芒就会留下一条条耀眼的彩色线条，直到自己认为满意为止就完成曝光。

不同景物多次曝光组合

如果车等比较密集，也可以通过稍长时间的曝光，代替多次曝光夜景，同样可以使看上去并不热闹的街道呈现出车水马龙、川流不息的繁忙景象。

夜景的多次曝光还包括在同一画面上对不同的景物进行多次曝光，使画面的时空变化更为自由，更富有现代气息。由于夜景中的大部分景物都是比较深暗的，这就为多次曝光提供了叠加灯光的可能。当然也可以事先规划好画面，分别拍摄不同的夜景画面，然后在电脑中合成，有异曲同工之妙。

不同景物的多次曝光，有时候需要精心构思，有时候可以自由发挥，只要出彩就行。

4. 升降、摇动曝光法

升降、摇动曝光是充分利用照相机的三脚架进行动感曝光的技法。

所谓升降法，就是在拍摄时，不要将控制三脚架垂直升降的摇动扳手拧紧，使其处于半松半紧的状态，也就是在稍微用力的情况下可以上下升降照相机。拍摄时将光圈尽量可能地调到最小的位置，如f/16甚至f/22等，或者尽可能降低数码相机的感光度，以便将快门速度放慢，最好能接近1秒左右的曝光时间。在对画面的构图做周密的考虑之后，采用自拍的方式按下快门，在听到快门打开的瞬间，平稳地握住三脚架的手柄，将三脚架

朝一个方向轻微移动相机的曝光技法

手柄由上往下压，使镜头在曝光的过程中缓缓上升，获得流畅的上下动感画面。

如果快门速度还太快，可以在镜头前加上中灰滤光镜或偏振镜，减少进入镜头的光线，获得足够慢的快门速度。好在夜景的光线都比较弱，获得长时间曝光的可能性很大。

摇动曝光法与升降曝光法很相似，只是需要将控制三脚架垂直升降的扳手拧紧，而将控制左右摇动的旋钮略微松开，在曝光的过程中左右摇动照相机，获得横向流动的动感画面。

不管是哪一种方法，在升降或摇动之前都应该估计一下移动的范围，并确信在这一范围中的影像不会对画面产生不利的干扰因素。方法很简单——在拍摄前，如果是横向摇动的，先将照相机摇到最左面，看一下构图范围，再摇到最右面，确信满意构图，这样就可以正式拍摄了。垂直升降和旋转摇动也一样事先做到心中有数。

如果曝光的时间比较长，比如1秒钟以上，还可以这样一试：在曝光的前半部分时间里不摇动照相机，在后半部分再匀速地摇动照相机，这样的画面就会有虚有实，虚的光影会在实影的后面延伸出来，效果也是很理想的。

如果三脚架的平台是可以方便地从横构图转动到垂直的竖构图，那么还可以选择弧形的摇动曝光法，在曝光的过程中将照相机从横构图摇向竖构图，或是相反，也能获得相当有趣的画面。

另外一种夜景摇动曝光法，是不使用三脚架，将照相机拿在手中，凭感觉对夜景中的灯光进行自由曝光，形成更为抽象的艺术魅力。具体方法是，在拍摄前先找一个比较稳定的物体支撑自己握照相机的双手，在对灯光主体取景的同时考虑好灯光轨迹的位置，留出一定可以自由发挥的空间，然后按下B门对主体进行曝光，并尽量稳定自己，将曝光时间控制在1秒钟之内，然后根据原先的设想，将照相机按照一定的构思作任意不规则的摇动，甚至是可以形成圆弧等流动效果。曝光的灯光光源可以是镜头前面已经曝光的景色，也可以将照相机迅速转动到另外的方向捕捉另外的灯光轨迹，使画面更缤纷多彩，时空转换更抽象迷离。

由于数码相机对夜景灯光的敏感性大于传统的胶片相机，因此在画面中所出现的灯光轨迹色彩相当艳丽，甚至可以达到意想不到的奇妙效果。所以很多摄影者都喜欢进行各种自由摇动的尝试。

在公交车或出租车中，行驶的过程可以看到窗外斑斓的灯光。这时候不妨直接将照相机拿在手中，用较慢的快门速度（也可以选择照相机的自动曝光功能），对着车窗外按下快门，结果常常超出想象，很具抽象的光影效果，色彩也十分华丽。

夜景自由曝光没有严格的规范，关键就在于把握两点：一是小心规划，做到拍摄前心中有数；二是大胆创新，在快门按下之后，凭着激情一气呵成，将意想不到的效果收入镜中。夜景曝光可以自由发挥，不拘一格。需要的话可以多拍摄几张，每次的效果都不会一样，以保证成功率。

5. 人与夜景结合

拍摄夜景中的人物纪念照主要是通过闪光灯照亮人物，利用慢速快门使夜景中的灯光曝光合适。其中分为正面曝光法和闪光灯分离曝光拍摄两种方法。

Tips

夜景环境肖像

拍摄夜景带场景的环境肖像，酒吧的确是一个特别的地方。可以充分使用酒吧中的灯光，尽管较为复杂和昏暗，但是通常也会使拍摄过程和效果更有趣。比如顶上或壁上的射灯，这类强光源可以营造低调的效果。再比如桌上的蜡烛，也是很有用的光，可以手捧也可以凑近，神秘的气氛能够让被摄者更为放松。

通过镜头变焦产生的夜景爆炸效果

随机摇动镜头获得的抽象的光影效果

Tips

闪电拍摄的镜头

拍摄闪电一般用标准镜即可，因为使用广角镜头拍摄闪电会出现两个问题：一是闪电很容易变得很小，二是镜头易产生不必要的耀光。因此，小型数码相机拍摄闪电，最合适的镜头范围是 50 ～ 105mm。

自动闪光模式和夜景的结合

利用现场光线的夜景人物画面

正面曝光的方法比较简单，先安排好人物与背景的构图，将焦点对在人物上，并看一下距离，比如是3米。再将闪光灯装上照相机，用闪光灯的指数除以距离，得出应该选用的光圈。比如闪光灯的指数为24，用24除以3米，得出光圈f/8，再根据背景的亮度选择合适的快门速度。比如是拍摄一般的橱窗灯光，从前面推荐的曝光参考表中推算，1秒钟的曝光比较合适。一切准备好后，让闪光灯充电，再用快门线打开快门进行曝光，这时光圈f/8和1秒的组合使背景曝光正常，距离3米的人物靠闪光灯照亮，两者正好达到平衡的效果。

现在数码相机中大多数都设置了夜景纪念照的拍摄功能。照相机上月亮或星星结合人像的标志就是这一功能。这一程序可以帮助初学者完成夜景人像纪念照曝光的要求。拍摄要点也是尽可能稳定照相机，不然环境光线一暗，照相机的程序自然会降低快门速度，结果画面就会虚化，无法达到应有的效果。

闪光灯从正面照亮人物，光线太平，缺乏立体感，最好采用闪光灯与照相机的分离法进行曝光。与前面不同的是，这时需要一台独立的闪光灯，并且不要将闪光灯装在照相机上，而是要将闪光灯拿在手上，放在人物的一侧，举高一些。然后将照相机的自拍开关打开。仍旧以刚才的曝光组合为例，等闪光灯的电充足后，按下自拍快门，注意自拍装置的运行，在照相机打开快门的一瞬间，用手指触发闪光灯的释放按钮，让闪光灯闪亮。由于闪光的时间正好在快门的1秒钟的曝光时间之内，所以也能同时将人物照亮，并使人物有一定的立体感。

使用分灯闪光法要注意两个问题：一是闪光灯与人物的距离可近可远，但是计算光圈的大小要以闪光灯到人物的距离为准；二是这一方法只适用于1秒以上的快门速度，快门时间太短就难以掌握闪光灯的同步。当然也可以用B门进行拍摄，这就需要另一个人帮忙触发闪光灯，实现闪光与B门的同步。

6. 焰火的拍摄

在除夕夜放焰火赏焰火，或者在国庆夜观赏焰火，并用数码相机记录下来，既是一种享受也是一次创造。

在拍摄焰火时，焰火的明灭其实有一定过程，短则几秒，多则数分钟，需要用长时间曝光才可以记录下焰火从炸开到抛向四周、曳光熄灭的整个过程。可以利用相机的B门装置，以满足这种不定时的长时间曝光要求。

以焰火绽放为主的夜色景观

相机固定在三脚架上，打开B门，拍摄焰火展开的全部过程。虽然是打开B门，控制曝光时间也很重要，不要曝光过长，否则焰火散得太开，拍出来的影像反而不美。

节日之夜，除焰火爆竹外，灯火通明的夜景也很热闹，可以同时把一些容易辨认的能烘托除夕或国庆节日气氛的景物一同摄入画面。

选用35~50mm焦距的镜头。因为焰火在炸开时的准确位置和炸开的面积有多大是较难预测的，所以在取景时要留出足够的空间，如果使用长焦距镜头，视角太小，有可能会使主要景物出画面。

掌握快门开启的时间很重要。最佳时间应是焰火炸开前的瞬间。具体地说，你要观察清楚焰火展开的位置，估算焰光燃放的时间，若错过这个时间，等它烧放后天空的烟雾不容易散开，会影响烟花的表现。

假如希望在一张画面上记录焰火多次绽放的结果，以形成缤纷灿烂的热闹景观，也可以参照前面介绍的拍摄夜景灯光轨迹的黑纸遮挡法，长时间分段曝光完成拍摄。具体方法是：根据焰火集中绽放的角度用三脚架稳定照相机，根据焰火距离镜头的距离决定光圈的大小：距离远，光圈大一些；反之，光圈可以小一些。然后将快门速度放在B门，等第一朵焰火绽放之前，通过快门线或遥控快门装置打开B门，记录整个过程。等焰火结束后，用黑纸遮挡镜头，等待第二朵焰火绽放前再移开黑纸。如此反复，直到认为满意为止。

有时候也可以试试单独拍摄各种焰火绽放的画面，在后期电脑中合成。不过后者不如直接拍摄刺激，也失去了偶然性所带来的惊喜。

如果想进一步拍一张背景为焰火的留念照，可以使用两次或多次曝光的方法。

先把相机固定在三脚架上。第一次曝光，先拍人物和夜色中的充满吉庆的背景，尽量把人物、景物安排在画面下部，测出现场光的曝光数值；然后参考这个数值，尤其是光圈数，根据你闪光灯的指数算出人与相机的距离，如现场光测得曝光为1/15秒，闪光灯的指数是32，那人应距相机距离为32÷8=4米远；最后用光圈为F8和1/15秒，辅以闪光灯拍摄。第二次曝光，可在焰火开放时进行。相机光圈可放在F5.6，速度放在B门，等烟花开放一瞬间再打开快门，曝光时间可减少些。

完成一张夜色中的人物、景物、焰火三位一体结合的照片并不困难，关键是把握好时机，做好充分的准备，也需要有一定的构思。

结合闪光灯照明表现焰火的画面

Tips

多次曝光拍摄闪电

多次曝光法：先拍地面景物，当闪电出现后再作第二次曝光，如果感到一次不够，还可多次曝光，但要注意不要让闪电重叠。拍摄时由于闪电的强度不一，这就给准确曝光带来了麻烦，一般用ISO100感光度，可以选择F18左右光圈。

如果天空中有比较明显的反光，显得比较明亮，那么在光圈f/8的情况下，最长的曝光时间不能超过6分钟。如果周围没有反射光，就可以将快门一直打开，直至获得需要的闪电效果。

7. 月景和星辰

直接以月亮为拍摄对象，一是要解决曝光问题，二是要注意月亮成像的大小。

直接拍摄满月，用ISO100的感光度，曝光组合可以选用1/125秒，光圈f/8~11。曝光不足会使月亮的影像发灰，曝光过度又容易使月亮的边缘晕化，月亮表面的影纹也会失去。月亮的成像大小与镜头的焦距直接相关，焦距越长，月亮就越大。所以尽可能选用长焦距镜头拍摄。

两次曝光拍摄月景的合成画面

法塔里将一弯新月和西部景观
巧妙结合

沃尔夫长时间曝光的星空轨迹

数码摄影通用技法

Tips

拍摄闪电的注意事项

闪电是美丽的也是危险的，因此有一些安全的建议：1. 在架相机的空间中不要有高大的物体，否则会成为闪电击中的目标；2. 不要在树下或大面积的水边躲避，这也是闪电集中的目标；3. 如果感到脖子边的毛发开始竖起，这就意味着闪电已经靠近，尽快躲避。如果是躲在汽车里，必须关闭所有的灯光和电气设备，以免引来闪电；4. 尽可能待在干燥的地方，穿上橡胶底的鞋子；5. 尽可能不要触及三脚架等金属导电体，一开始曝光，就远离相机。

想要将月亮和地面的景物拍在同一个画面上，最好是选择天色未暗、月亮初升之际，这时月亮的亮度不是最高，地面的景物也有一定的层次，在曝光量上容易掌握。

拍摄月亮的最好方法是两次曝光法，先用标准镜或广角镜对地面的景物进行取景构图。不要将月亮放入画面中，只是在夜空中留出月亮的位置，在对景物进行了长时间的曝光之后，改用较长焦距的镜头，将月亮放在画面留出的位置上进行第二次短暂的曝光。这样既能使地面的景物获得合适的曝光量，又能让月亮在画面上的位置合适并且显得更大些。

除了两次曝光分别拍摄月亮和景物之外，还可以通过数码相机拍摄不同状态的月亮画面，使用长镜头拍摄大一些的影像，储存在电脑中，可合成到其他夜景照片中。

如果有机会拍摄月食，可以在一张画面上记录整个月食的过程，产生一种视觉的流动和变化感。拍摄月食要注意两个问题：一是曝光的变化，由于满月时的月亮亮度和部分月食时的亮度有比较大的差异，因此在拍摄过程中要随时调整光圈的大小，以适应不断变化的光线亮度；二是要事先估计好月亮移动的轨迹，使照相机的画面能完全包容整个月食的过程，然后要控制好间隔曝光的时间，一般来说每隔5分钟曝光一次比较合适，使每个月亮之间正好有一定的空隙，完整地记录整个月食进行的过程。时间太短，月亮会一个一个地叠在一起，过于杂乱。时间太长了，月亮又会分隔太开，缺乏节奏感。

一些高档的数码相机有间歇曝光功能，可以设定间隔时间和打开快门的次数，用来拍摄月食的变化相当方便。只是一定要估算好月食的移动轨迹，保证不会越出画面。这样，启动曝光之后，还可以回屋喝上一杯咖啡，再来检查拍摄的结果。

我们在夜里观察星空，可以看到星星由东向西慢慢移动，约24小时旋转一周。

拍摄星光闪烁的夜空最有趣的方法就是长时间曝光。在天高气爽的夜晚，找一空旷的平地或山顶，避开城市上空的灯光干扰，用三脚架将照相机支稳实了，使用50mm的标准镜，以北极星为取景中心，打开B门。经过长时间的曝光后，由于地球的自转，每颗星星就会形成弧形的光迹。一般来说，曝光1小时，可以使用光圈f/4，形成15°的圆弧；曝光两小时，光圈选择f/5.6，形成30°的圆弧度。在曝光时，只要用快门线将照相机的B门锁定，就可以去干自己的事，不必等在照相机的旁边。

如果想让拍摄的星星成为直线的运动状态，那么只要选择由正东升起、正西下沉的星星即可，也就是说，只要选择不同方位的星星，就可以估计出它会在镜头前描绘出怎样的轨迹。

对星空进行长时间的曝光，一定要选择天朗气清的夜空，并确证不会出现乌云或骤降大雨，否则就会前功尽弃。为了防止散射光的干扰，一定要加上遮光罩，同时注意不要让露水打湿了镜头。

如果不需要将星星的轨迹拍摄下来，而只想拍摄某组星座，就不必要采用长时间的曝光法。在一般情况下，用焦距稍长的镜头，将光圈开到f/2，对准需要的星座曝光10～30秒，就可以获得比较理想的画面。

还可以采用高感光度的设置，利用高感光度对色彩的敏感性，在短时间里获得有微妙色彩变化的彩色星座照片。

名家案例之七：弱光下的拍摄实例

著名摄影家迈克尔·弗里曼认为：数码相机的发展可谓是日新月异，尤其是传感器对信息的记录能力也在大大加强。其中带来的一个最大的变化，或者说进步最大的，就是在低照度下的记录能力。因此，选择照相机最为重要的一点，就是看在高感光度下的降噪功能，这是一个非常重要的技术指标。但是这不是说你一定需要选择顶级的照相机（尽管一般来说越是顶级的相机，降噪能力也越强），而是要将钱花在刀刃上——根据你对影像素质的要求和拍摄的对象，做出综合的判断。

下面所列举的一些因素都是和噪点相关的：

只要快门和光圈许可，尽可能使用低感光度；

使用大口径镜头；

使用小的图像；

打印时可以考虑有肌理质感的纸张；

在使用高感光度和长时间曝光时，打开照相机的降噪功能；

面对静态的主体，尽可能使用三脚架以便选择低感光度和长时间曝光；

选择优秀的 RAW 格式以便在后期更好地降噪；

后期通过各种降噪软件减轻噪点的显示；

用多幅画面拼贴成更大的作品；

使用高感光度和低感光度分别拍摄两幅画面，后期合成。

名家案例——弗里曼 01

因此，对于旅行摄影来说，一般意味着三脚架会留在家中，但是却不是说你就无法支撑相机避免抖动。带上前面说的袋子，就像是支撑在豆包上一样。而且这样的稳定方式绝不亚于三脚架的支撑，不妨一试。

大口径镜头的使用也是方案之一，尤其是景深范围不在拍摄的考虑范围中，就可以通过大口径镜头开大光圈在低照度下完成拍摄。所谓大口径镜头也就意味着镜头的最大光圈至少在 f/2 以上，比如 f/1.4。有意思的是，如今的变焦距镜头已经可以做得非常优秀，包括在大变焦范围中依旧保持良好的解像力，但是致命的缺点就是不得不牺牲其最大光圈的设计。比如一支非常优秀的变焦镜头 18~200mm，但是最大光圈却只能从 f/3.5 到 f/5.6。然而使用蔡司的 85mm、光圈 f/1.4 的镜头，可以在低照度下完成许多意想不到的拍摄任务。这样就和变焦距镜头形成了鲜明的对比，尽管后者在拍摄上的便利性也是不言而喻的。

需要注意的是，使用大口径镜头开足光圈拍摄，涉及的就是因为景深太小而可能造成的焦点不清晰。尤其是低照度环境下很容易影响对焦的精确程度，同时还必须做出判断，将仅有的焦点落实到现场的哪一部分。在这样浅的景深下，通常拍摄中不容易察觉的弱点都可能呈现。

大多数使用高感光度拍摄的画面中，最容易呈现噪点缺陷的部位，往往就是画面的平滑之处。这样的平滑要么是缺少细节（比如天空），要么就是这些区域在焦点之外，比如使用长焦距镜头开大光圈拍摄时的背景。而画面中充满细节的部分，由于元素纷繁，自然就使噪点不那么突出了。

所以说，噪点之所以引人注目，就是因为画面的区域本身缺乏吸引眼球的细节，从而让噪点凸现出来，成为破坏画面的元素。这些令人讨厌的噪点如果出现在平滑的区域，就有消除的必要；相反，在充满细节的区域，却可以置之不理。

基于这样的道理，我们在拍摄时就可以做到心中有数。比如在镜头的选择上，倾向于使用广角镜头，一方面可以包容更多的细节，同时景深又相对比较大。相反，如

名家案例——弗里曼 02

名家案例——弗里曼 03

果是大口径的长焦距镜头，很容易会因为焦点之外的平滑之处而暴露出噪点的缺陷。拍摄时需要多一些观察和比较，稍微移动一下拍摄的角度，也许就能将更多的细节掩盖噪点的显现。

在低照度环境中，这是两种截然不同的拍摄方案，因此也会涉及不同的技巧和不同的器材的使用。手持拍摄时，尽可能接近正常的拍摄设置，而使用三脚架稳定拍摄，则可以有更多的选择。由于器材的不同，尤其是使用或是不使用三脚架，都需要在事先考虑，从而决定整个拍摄过程的实施。

下面是手持相机拍摄夜景的小技巧。

优先考虑画面的灯光，流动性和变化性。其优点是携带的器材简单，方便灵活。需要考虑的可能是如下一些准备——

专业的单反相机加上大口径镜头（比如光圈 f/1.4）。

广角变焦镜头，最大光圈最好是 f/2.8，尽可能不使用长焦距镜头。

机顶闪光灯。加上手电筒。多准备储存卡。

手持测光表，以便更为精确地控制高光点。

前面提到的填充物的塑料袋，以便长时间曝光。

轻便的双肩包。

? 思考练习

1.请说出夜景摄影的定义，以及有哪些准备工作。

2.一次曝光法和多次曝光法拍摄夜景有哪些不同点？

3.夜景摄影有哪些特殊的表现手段，其创意空间如何？

4.拍摄夜景中人物的纪念照主要难度在哪里，举例说明。

5.夜景中的焰火和星月的拍摄需要有哪些注意点？

八、数码摄影后期——调整和创意

数码摄影带来的便利以及创意，在很大一部分展现在后期的调整和创意上。传统摄影那些高不可攀的后期制作技巧，在数码摄影中变得轻而易举。充分发挥数码摄影后期制作的威力，同时又恰到好处地把握数码摄影后期制作的"度"，可以将数码摄影的未来展现得缤纷多彩。

目的 —— 数码摄影带来的便利以及创意，让传统摄影那些高不可攀的后期制作技巧，在数码摄影中变得轻而易举。

重点 —— 思考如何充分发挥数码摄影后期制作的威力，同时又恰到好处地把握数码摄影后期制作的"度"。

课时 —— 20课时

1. 显示器色彩校正

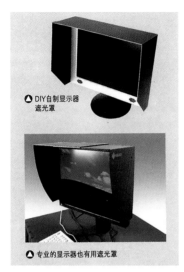

△ DIY自制显示器遮光罩

△ 专业的显示器也有用遮光罩

显示器遮光罩的使用效果

显示器进行色彩校正目的主要是让显示器显示的图像和最终输出的照片保持一致的效果，例如有相同的色温、亮度等，使人眼在观看显示屏和照片时有大致相同的感受。显示器的色彩校正在数码摄影中是非常重要的一个环节。如果在显示器上看到的颜色不能代表数字影像的真实颜色，那么就不可能使图像在各种相关设备（扫描仪、数码相机、打印机、投影机、印刷设备等）上保持色彩连续的一致性和准确性。后果是，在显示屏上看上去不错的画面，在印制照片、印刷图像等过程中会产生差异，不但无法达到要求的颜色，还会浪费大量时间、精力和物力。

特别需要说明的是，不是所有的显示器都可以做色彩管理，因为我们需要的是使能达到专业效果的构图。如果显示器使用太久、已老化、太残旧、显色不稳定或不支持全色彩（24Bit）等，再做校正工作已无实际意义。

Adobe Photoshop 的自身色彩校正是通过 Adobe Gamma 来实现的。一般使用者可以使用该工具简单、快速、方便地进行显示器自身的色彩校正。

校正步骤和参数设置如下——

预热和开启 Adobe Gamma

显示器的开启时间应控制在 30 分钟以上，显示器从接通电源到稳定工作，需要一段较长的预热时间。工作环境光线设置同样非常重要，应避免光源（灯光、阳光）直射到屏幕上，不要把显示器放在明亮的窗户旁，尽可能关闭所有台灯，拉上窗帘，适当降低环境光线的亮度。室内墙壁、墙纸和工作桌面最好为中性灰色。环境的要求最好让室内光照基本保持与平时使用显示器时的光照条件一致。如有可能在显示屏上加一个突出的遮光罩进行保护，会有更好校正效果。

安装 Photoshop 软件（5.0 以上版本），点击电脑上的"开始"菜单，从"设置"进入"控制面板"，找到 Adobe Gamma 应用程序，双击后就会出现一个导向菜单，按照菜单指示可以一步一步完成相关操作，最后建立所需要的显示屏 ICC 特性文件。

进入 Adobe Gamma 菜单，电脑会先告诉你该程序的任务是校正你的显示器，并生成一个 ICC 特性文件。首先在两种校正方式中由你选取任意一个："逐步（精灵）"，要求分步进行校正；"控制面板"方式，把所有应该设置的项目显示在一个面板上进行校正。面板上需要调整的项目有：明度（亮度）和对比度、荧光剂（粉）（显示器的类型）、Gamma 值、色温及白点等。"控制面板"上的设置有些项目可以是缺省的，直接使用会更快捷、更简单方便。对于初次接触显示屏色彩校正的可以选用"控制面板"默认值，即时完成校正。

需要先定义一个描述当前的显示器色域范围和显色特性的色彩特性文件，其目的是要创建新的色彩特性文件前提供预设置，设立一个基准。显示器通常默认为 sRGB IEC1966 — 2.1，当然也可以选用 Adobe RGB。如果显示器生产厂家已在出厂时配制

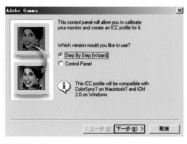

预热和开启 Adobe Gamma

调节屏幕对比度和亮度

Gamma（伽马）值的确定

了 ICC 特性文件，可以选择"加载（Load）"按钮进行安装，其精确程度和效果都非常好。另一种可能是电脑中已保持以前校正显示器留下来的 ICC 特性文件，也可以考虑直接引入使用。

普通的显示器都会提供明度（亮度）和对比度控制，好一些的会有 RGB 通道的对比度控制，较为专业的显示器还会提供 RGB 的亮度控制。在校正前，应搞清楚能调节的参数。

显示器的对比度和亮度调节是两个很容易让人引起误解的功能。实际上改变对比度对显示器的实际亮度影响更大，而亮度的变化则会影响显示器视察时的对比度。我们对显示器进行对比度和亮度的调节，实际上就是控制显示器的白点和黑点，也就是能够表现的最亮和最暗的色彩范围。

使用显示器上的对比度调节按钮，将对比度调到最大（Max 或 100％），然后利用亮度按钮将屏幕上 Adobe Gamma 显示窗中的右边方形块内灰色方块调节到尽可能暗，但仍能分辨。当然，这项设置比较困难，感到难以判定，需要一定的耐心。

通常，程序能自动检测显示器或荧光粉的类型，并显示在荧光粉（Phosphors）引栏的右边，一般可以直接选用。当然，用手动方式选择你知道的显示器或荧光粉型号或名称对建立更准确特性文件会有帮助。例如你的显像管为 Sony 特丽珑（Triniron），就应该直接选择"Triniron"项，然后点击"下一步"。

如果不知道所使用的显示器的荧光粉类型，也请选择"Triniron"项，因为大部分专业级显示器都使用这种荧光粉。

Gamma 值的确定会影响图像高光和暗部的分布和表现。分别移动滑杆标使各色的中间框"淡化"在外框包围中（这项操作较难判断），这样就完成了三色通道的校正工作。接着选择 Gamma 值，按面板上的指示，微软公司推荐 22，接近显示器显示系统本身的伽马值；苹果公司推荐 1.8，使显示器的显示系统的整体伽马值更接近照片和印刷品的伽马值（1.8）。完成后可以进入下一项设置。

Gamma（伽马）值默认时是单幅灰度的指示，需要 RGB 三色通道各自校正时，将"仅检视单一伽马"选项取消后，会出现三色块指示图像。

自己对色温进行测量的方法是，先点击"测量中（Measure）"，再点击"确定"。关闭显示屏周围的照明光源，点击左边的冷调色块或右边的暖调色块，使中间位置的灰调色块看上去与左右色块有区别，并更自然些。然后，点击中间色块或"Enter"键，就完成该项操作。如果按下 Esc，可取消设置。设置最亮点，可以与屏幕硬件一致，例如 6500K；也可以自行确定，选择 5000K 的暖白或 9300K 的冷白。如果显示器的色温无法调节，建议使用显示器色温的缺省设置，一般为 9300K。

尽管以往生产大部分电脑显示器的色温为 9300K，但校正时通常均选择色温 6500K（标准日光 D65），使屏幕上见到的图像颜色与观看输出照片尽可能接近。

色温校正后，整个操作已基本完成，可以在对话框中点击校正前（Before）和校正后（After），比较显示屏前后的变化。校正前后色彩变化不明显的情况也是常见的，不一定是校正不当引起的，却往往反映校正前显示屏幕已基本符合要求。

点击"下一步"，会弹出一个存储对话框，需对新建立 ICC 特性文件命名，通常可以在文件名后标注日期等，方便识别和使用。最后把新命名特性文件存入"color"。当屏幕的校正周期为 1~2 周时，一般人眼不易发觉前后色差变化，但色彩特性文件中记录的数据会发生变化。

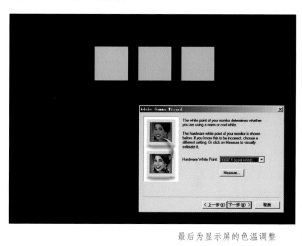

最后为显示屏的色温调整

肤色柔光处理

选择一幅人像特写照片，复制一个图层。对图层进行"模糊—高斯模糊"处理，模糊效果根据需要而定，一般在4左右。选择"变亮"的叠合方式，就能看到明显的柔光效果。要想更亮一点，可以选择"屏幕"的叠合方式。如果需要对眼睛等局部进行清晰处理，可以选择图层的添加图层蒙版样式，然后用画笔对局部进行微量的涂抹即可。

通过 Adobe Gamma 的种种设置，可以形成一个 ICC 特性文件，用以描述显示器的色彩特性。这个特性文件兼容微软 Windows 操作系统下的 ICM 和苹果机操作系统下的 Colorsync 系统，同时也可以在 Photoshop 软件上读取、使用。

当然，人眼目测和经验无法替代由硬件（测色仪器）和软件组成的色彩管理系统，Adobe Gamma 目前也不能取代专业显示器校正仪，但对于数码影像领域广大使用电脑进行图像存储和处理的专业摄影师和摄影爱好者，却是一种相当方便并有一定效果的工具。色彩管理也许会花费一些时间和精力，却会把使人困惑的图像颜色差异问题有效化解。

2.电脑数字化管理

Photoshop 是数字化影像后期处理的利器，后面所介绍的一些必需的知识，就是围绕 Photoshop 展开的。在进入 Photoshop 的基本管理空间之前，先简单了解一些数字化图像的基本概念。

像素（Pixel）是图像的最小单位，以一个单一颜色的小格存在，图像放大后可以看到单色像素的构成。分辨率是单位长度上像素的数目，其单位为像素/英寸（pixels/inch）或是像素/厘米（pixels/cm）。

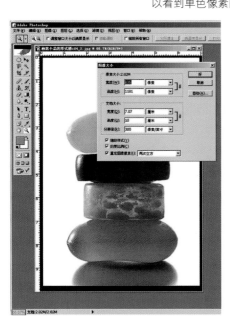

图像的像素与打印尺寸显示

图像大小主要从打印尺寸和文件大小等方面来考虑。当然可以将分辨率较高的文件打印为较小的图像，但是文件太大不利于储存和传输。如果将分辨率较低的文件打印成较大的图像，图像的质量就会变差。（在 Photoshop 中，通过 Alt+ 点击左下角，可以得到基本的图像信息。）

高分辨率的图像有较多的像素，可以比低分辨率的图像打印出更细致的色调变化。

由于在图像处理中，Photoshop 是使用非常频繁的软件，因此在使用前最好做一些必要的设置，以便运行的过程更为流畅。这些设置主要集中在菜单中的"编辑/预设"下面——

内存与图像高速缓存：在"可用内存"的设置上，可以将最大数量提高到80%左右，占据对内存的绝对使用量；"高速缓存设置"默认值为4，如果电脑的内存比较大，可以设置为8。

增效工具与暂存盘：在设置前，启动盘（通常为 C 盘）为暂存盘，这样会引起程序间的冲突，影响 Photoshop 的操作流畅性，甚至会因为启动盘的空间不足而提示无法操作。因此建议将硬盘中自由空间最大的盘作为第一暂存盘，将另外比较大的盘作为第二、第三以及第四暂存盘，避开启动盘。

预设设置完成之后，退出 Photoshop，再次运行 Photoshop 时，就能使用新设置流畅地运行软件处理图像了。

RGB 模式：可见光谱的三种基本色光元素，每一种颜色存在 256 等级的强度变化，应用于视频、多媒体和网页设计。

CMYK 模式：彩色印刷品四色印刷的基础，黑色用来弥补 CMY 产生的黑度不足。最后的印刷过程都要将 RGB 模式转换成 CMYK 模式，但是 CMYK 在屏幕上的显示并不理想，文件也要大三分之一，有些滤镜也无法使用，因此习惯上选择 RGB 模式操作，最后再转换。注意：色彩模式的频繁转换也会使色彩失真。

灰度模式：采用 256 级不同密度的灰色来描述图像。可以将彩色图像转换成灰度图像。

位图模式：使用两种色彩值（黑或白）来描述图像中的像素。彩色模式不可直接转换为位图模式，可以将彩色先转换成灰度，然后再转成位图图像。

图像的文件管理——

打开新文件：在新文件的对话框中可以设定以下内容——名称，输入中英文均可；图像大小，包括图像的高与宽、分辨率、色彩模式；文档背景，可以选择白色、背景色或透明。

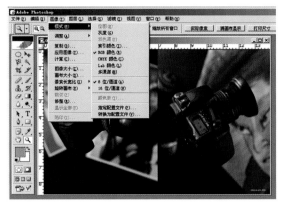

图像常见的处理模式有五六种

打开旧文件：在文件的预览框中，可以看到文件的预览图。最近打开过的四个文件可以在文件列表中找到，当然也可以自己设定打开过的文件的数量。

文件格式：Photoshop 可以处理的格式非常多，最常用的介绍如下：

Photoshop 格式，可以保留图像的所有信息，包括图像模式、层、通道等等，便于随时编辑和修改，但是其兼容性很差，体积也大，在最终定稿后必须转成其他的格式。BMP 格式，用于 PC 环境中的各种软件进行交换和储存，非常稳定，但是图像文件较大，也不适合于 CMYK模式。JPEG 格式，是有损压缩的文件格式，可以用不同等级的压缩方式储存文件，以便获得最好的质量或者是最大的压缩比。GIF 格式，是只能储存为 256 色的压缩格式，图像文件更小，主要用于网页设计。TIFF 格式，是最具弹性的通用格式，方便文件的交换和传输。文件较大，可以进行压缩，但是必须根据排版软件的类型进行压缩。RAW 格式，未经加工的原始素材格式，可以保留更多的拍

图像的文件管理也有很多选择

摄信息。使用 RAW 格式，不仅可以获得较高画质的图像，赢得更大的曝光宽容度，同时还可以自由调节和改变最后的白平衡效果等。老版本的 Photoshop 需要加上相应的插件才能打开和处理 RAW 格式的文件。Photoshop8.0 以上版本已经兼容大部分数码相机的 RAW 文件的处理。

Photoshop 有多种文件的储存方式。"储存"，即将文件储存为目前的格式及名称。"储存为"，即将文件储存为不同的格式或文件名，并且保留原本文件。"储存副本"，即将文件另外储存为一个副本，保持原本文件的执行状态。Photoshop6.0 版本开始新增了"储存为网页"，可以对适合网页使用的文件进行最优化处理。

3. 图像的基本编辑处理

Photoshop 可以对图像进行编辑和处理，而且功能十分强大。

由于屏幕的大小有限往往不能配合文件的实际尺寸，或者需要对图像进行一些细微的处理，图像预览就能满足这方面的要求。其中窗口显示模式包括标准窗口显示模式（左），全屏幕窗口包含菜单栏模式（中），全屏幕窗口不包含菜单栏模式（右）。图为全屏幕窗口不包含菜单栏模式的显示空间。

图像编辑的面板有丰富的选择　　　　　图像色彩调整也有很多精彩的组合　　　　　照片滤镜的选择有冷暖调之分

图像的预览放大和缩小包括：A.选取缩放工具并将鼠标移到图像窗口中，每单击一次就可以按倍率放大图像，点击的位置是放大的中心，也可以拖拉预览区域局部填满窗口；B.选取缩放工具并将鼠标移到图像窗口中，按住 Alt 键可以点击缩小图像；C.可以通过键盘的 Ctrl＋和 Ctrl－来放大和缩小图像；D.选取缩放工具并将鼠标移到图像窗口中，点击右键选择不同的图像缩放功能。

使用抓手工具可以卷动图像。A.当图像大于窗口时，可以用抓手在窗口中移动图像。B.在使用其他工具时，按下空白键，可以变为抓手工具。

标尺的设定包括，A.可以在视图中显示／隐藏标尺。B.双击图像上的标尺，可以改变标尺上的单位。C.改变标尺的零点：单击标尺左上角的交汇处，通过拖动改变标尺的原点；双击左上角可以恢复零点位置。

可以从标尺上拖出参考线，然后移动到需要的位置，并且可以在视图中决定其他的参考线的操作，包括隐藏、紧贴、锁定、清除等，还可以在视图中显示和隐藏网格，以便精确定位。

在Photoshop中完成简单的图像编辑任务，包括复制整个文件，复制图像作为备份，以便和处理后的文件进行比较，或者重新开始处理。步骤为：打开要复制的图像，执行图像中的复制命令，在对话框中输入复制图像的文件名，单击确定。增加画布的尺寸，便于扩展图像的处理空间。步骤为：执行图像中的画布大小命令，在对话框中输入所需要扩大的尺寸，并选中其中的一个方格，决定图像的放置位置。

图像编辑还包括通过"变换"选择图像中的旋转画布的命令，以不同的角度和方向旋转和翻转图像。

Photoshop 具有强大的图像色彩调整功能，熟悉这些色彩调整指令对于图像的处理是非常重要的。

图像色彩调整主要包括：色阶调整指令，自动色阶调整指令，曲线调整指令，色彩平衡调整指令，亮度／对比度调整指令，色相／饱和度调整指令，去色调整指令，替换颜色调整指令，可选色彩调整指令，通道混合器调整指令，反相调整指令，色调匀化调整指令，阈值调整指令，色调分离调整指令，变化调整指令等。

在 Photoshop 8.0 以上版本中，新增加的"暗调／高光"调节功能，对于数码摄影中数码相机动态范围较小所造成的亮部和暗部细节的缺失有不错的补救效果，而且方便快捷。方法很简单：选择菜单中"图像"下面的"调整"下拉菜单，可以找到这一功能，向右调节阴影部分的滑杆，可以逐渐增加暗部的细节；向右调节高光部分的滑杆，可以逐渐显示高光所损失的细节。可以边调节边确定最终效果。其中两者的高级调整部分，还包括调整范围的宽容度，调整半径的大小以及对色彩的控制能力等。

　　Photoshop 8.0 以上版本还新增了照片滤镜，可谓是为摄影者量身定制的"摄影滤镜"，尤其适合于数码摄影的后期调整。这一滤镜提供了全套的色温转换滤镜、色温补偿滤镜以及色彩补偿滤镜，可以模拟在拍摄时照相机镜头前安装整套柯达雷登滤镜时所产生的色彩调整效果。这套滤镜位于菜单的"调整"下面，打开后选中任何一种滤镜，只有一个"浓度"调整参数，设置非常方便。

4. 选取范围与技巧

　　在需要对图像的某一部分进行处理时，必须先选取这一部分，然后有针对性地进行各种处理而不影响其他部分。选取的范围可以是百分之百选取，也可以是半透明或者是其他特殊形式的选取。选取范围是 Photoshop 中最重要的技巧之一，必须熟练掌握。

　　选取工作组工具——

　　矩形／椭圆形画面选取：按住左上角的选取工具组，从弹出式工具中点选矩形或椭圆形画面选取工具。按住 Shift 键不放，可以做出正方或正圆的选择。

　　如果要从某个中心为选取的基准，可以在拖拽的同时按下 Alt 键。如果要增加选取，可以在以后的选取中按住 Shift 键；如果要在已经选取的范围中减去部分的选取，可以在以后的选取中按住 Alt 键。如果需要选取固定比例的画面，可以在选项栏的"样式"中设置为"固定大小"，然后输入合适的比例像素，将鼠标移动到照片上，就能得到比例的矩形选框，然后执行"图像"中的"裁切"命令，得到比例的图像。裁切工具也可以依法炮制（需要输入分辨率）。

　　套索工具组——

　　主要用于选取不固定的形状范围，工具箱中有三种工具可供选择。套索工具，以徒手的方式制作选取范围。用法：点选套索工具，在图像中自由选取外框，然后在菜单的选择栏下的羽化栏中输入像素值，设定羽化边缘程度。多边形套索工具，选取范围为直线的多边形，两点之间会以直线连接，最后回到开始的点上，使选取范围封闭起来。在使用上述两种套索工具时，按住 Alt 可以在两者之间自由切换。

　　磁性套索工具，可以自动沿着图像不同颜色之间的边缘，将图像的某个相似部分选取起来。先对图像的边缘单击以设定第一个连接点，然继续拖动鼠标，选取范围就会沿着色彩边缘产生，直到将连接点单击固定。如果选取范围不符合要求，可以将鼠标往回拉，或者是按下键盘上的 Delete 键，将上一个连接点删除。

　　自动选取工具——

　　自动选取工具可以选取图像中色彩相近的连续部分，其色彩的相近范围可以通过导航器中的"容差"来调整。图中选择了天空的蓝色。

　　如果要修改或微调选择的路径，可以在路径面板上建立路径，使用钢笔工具决定节点，然后用直接选择工具进行微调。

　　还可以增加选取范围和减少选取范围：A.如果想要在已经选取的范围之外增加其他选取范围，可以按住 Shift 键在保留原有选取范围的基础上增加新的区域；B.如果想在已经选取的范围之内减去部分范围，可以按住 Alt 键进行操作。

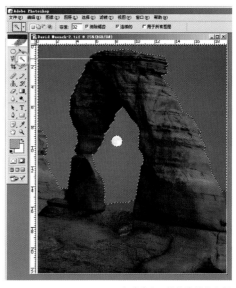

自动选取工具的使用很方便

Tips

后期蒙太奇效果

　　根据创意构思去完成数码合成的表现是一个复杂而灵活的过程。如何准确地实现构思中图像，其手段往往必须经过一些专门的研究和尝试。随着经验的增加，手段的组合会越来越深入，变化也越来越丰富。

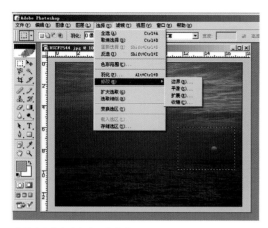

使用选取指令改变选取的控制

选取范围的变形为图像修正提
供了便利

抽出图像选取是一种智能化的
选取

使用选取指令——

在"选择"菜单中有一系列选取范围相关的指令，可以快速选定一些范围。其中包括选取整个文件，选中"选择"中的"全部"。取消选取范围，选中"选择"中的"取消选择"。重新载入选区，Photoshop 会自动保存前一次的选取范围，只要执行"选择"中的"重新选择"命令即可。反转选取范围，执行"选择"中的"反选"，可以将选取范围反转。羽化，使选取范围的边缘产生渐渐晕化的柔和效果。可以输入数值决定羽化的半径。扩大选取，根据相邻颜色区域范围向外扩大选取范围，可以设定一定的容差，也可以反复执行这一命令达到所要的选取状态。选取相似，增加与原选取范围颜色相同的图像范围。变换选区，在选取完成后通过这一指令对选取范围进行放大、缩小、旋转等多种修改，通过右键点击调出各种命令。完成后双击确定。

选取指令中的修改，编辑已经做好的选取范围，提供四种功能。包括：A. 扩边：将选取范围改为边框效果，可以输入边框大小的数值；B. 平滑：输入数值产生不同的平滑效果；C. 扩展：可以输入数值将选取范围均等扩大；D. 收缩：可以输入数值将选取范围均等收缩。

选取范围的变形——

缩放变形：选取缩放的范围，执行"编辑"下变换中的缩放指令，选取框四周会出现八个控制点。对八个控制点的拖动，可以放大和缩小选取范围。需要等比例缩放图形，按住 Shift 键拖拉角落的控制点。需要以图形的中心为变形中心，按住 Alt 键拖拉变形控制点。可以拖拉鼠标移动所选图层。双击鼠标或按下 Enter 键完成变形，按下 Esc 键取消操作。

旋转变形：执行"编辑"下面的变换中的旋转指令，用鼠标拖动变形框上的控制点，可以自由旋转所选范围。完成和取消同上。

斜切变形：执行"编辑"下面的变换中的斜切指令，将鼠标选择四个角落的控制点，可以单方向倾斜图层；如果选择中间的四个控制点，可以左右两边倾斜图层。完成和取消同上。

扭曲变形：执行"编辑"下面的变换中的扭曲指令，可以拖动鼠标产生各种角度的扭曲效果。完成和取消同上。

透视变形：执行"编辑"下面的变换中的透视指令，可以使选取范围产生透视效果的变形。完成和取消同上。

自由变换：执行"编辑"下面的自由变换指令，可以完成多种变形效果，既方便也可以减少图像的失真。A. 自由缩放：同上面介绍的缩放操作。B. 自由旋转：将鼠标离开变形框控制点一点距离，可以自由旋转图形。C. 自由斜切：按下 Ctrl+Shift，操作同上面介绍的斜切。D. 自由扭曲：按下 Ctrl 键，操作同上面介绍的扭曲。E、自由透视：按下 Ctrl+Alt+Shift，操作同上面介绍的透视。

除此之外，执行"编辑"下面的变换中的数字指令，可以填入数字进行精确变形。还可以进行固定度数的旋转以及翻转的操作。

抽出图像选取——

"抽出"在6.0版本中，位于"图像"菜单下面，在7.0以上版本中，位于"滤镜"菜单中。

为保险起见，先复制一个图像副本，进入抽出对话框，选取"边缘高光"工具，仔细描绘主体的边缘（可以选择智能高光，并且将图像放大进行），遇到错误可以用橡皮擦擦除。画好之后用填充工具填充，出现淡蓝色的遮罩。按下预览按钮，可以看到抠图后的效果，并且可以往返抠图和原稿之间。

如果不满意，可以用清除工具清除没有抠除的部分，或者同时按下 Alt 键，恢复被清除的部分。如果发现边缘有锯齿或碎片出现，应该调整平滑度后重新预览。重复到满意效果后，按确定完成。

5. 图层和通道控制

在处理图形时，除了图像最底层的背景外，还可以添加其他的图层，并且没有限制。图层就是像是由一层层的透明片堆叠起来的图像，在图层上没有图像的透明部分

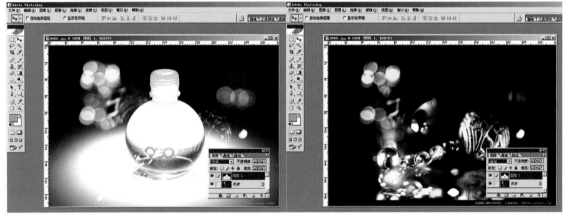

涂层的多种叠合方式可谓是千变万化

可以看到下层的图像，并且可以单独处理每一层图层，构成复杂的图像效果。一幅图像添加的图层越多，消耗的内存越大。

调出图层控制面板：执行窗口下的显示图层指令，可以调出图层控制面板，看到所列出的所有图层，每一个图层均有名称，名称左面是预览图。

基本处理包括——图层的显示与隐藏：当图层最左面的眼睛图标显示时，表示这个图层是可见的；选取作业图层：可以选取这个图层使其反白；建立空白新图层；复制图层：可以选择移动工具，按住 Alt 键，直接在图层上拖拉复制图层；删除图层：执行删除图层指令，或者将其拖到底部的垃圾桶按钮；改变图层的顺序；双击图层或选择图层选项指令，可以调出该图层的属性对话框进行修改；联结图层等等。

每一张图像可以有很多图层，但只会有一个背景图层。背景图层有以下几个特点：A.背景图层总是在最下方，除非将其转换为一般图层；B.背景图层是有底色的，一

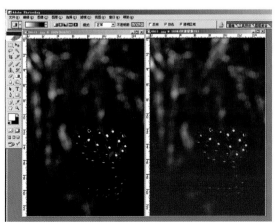

在图层上加入图层蒙版

编辑图层蒙版合成两幅作品

般图层则是无色透明的；C. 图层是Photoshop 特有的文件结构，并非所有的软件都能识别；在需要提供给其他软件使用时，必须将所有的图层都转换为背景图层；D. 图层和背景图层之间可以进行自由转换。

还可以在控制面板上找到不透明度选项，利用滑杆来改变图层的透明度。0％为图层完全透明，50％为半透明，100％为不透明。

当两层图像重叠时，可以选择不同的色彩演算方式，形成不同的合成效果，这就是混色模式。Photoshop 提供了 17 种混色模式。A. 正常：上层图像直接覆盖下层图像，主要以不透明值来决定合成关系。B. 溶解：上层图像会以点状方式喷洒显示，通过调整不透明度可以修改点状的密度。C. 正片叠底：加深合成后的物体颜色，通常将上下物体的颜色叠加。任何颜色加黑色都是黑色，加白色则不变。D. 屏幕：和上面相反，加亮合成后的物体颜色。任何颜色加黑色不变，加白色则提亮许多。E. 叠加：上面两种都取决于上层物体的颜色运算，叠加则将上下两层物体的颜色混合运算。F. 柔光：在上下层色彩的叠加过程中，上层颜色超过 50％的灰色会让下层颜色变暗，低于 50％灰色会使下层颜色变亮。G. 强光：是柔光模式的加强版，上层颜色超过 50％的灰色会让下层颜色以正片叠底模式变暗，低于 50％灰色会使下层颜色以屏幕模式变亮。H. 颜色减淡：下层图像会依据上层图像色的灰阶程度提升亮度后再融合，上层图像越接近白色则下层图像越亮。I. 颜色加深：和上面正好相反，会降低物体的亮度。J. 变暗：以上层图像颜色做基准，如果下层色彩比上层深的被保留，比上层浅的将被上层色彩取代。K. 变亮：和上面相反，如果下层色彩比上层亮的会保留，比上层暗的则被上层色彩取代。L. 差值：将上下图层的图像做比较，亮的图像会减掉暗的部分图像。M. 排除：与上面的效果相似，但是比较温和。N. 色相：将上层物体的色相与下层图像的饱和度与明度相混合，产生新的色彩效果。O. 饱和度：将上层物体的饱和度与下层图像的色相和明度相混合，产生新的色彩效果。P. 颜色：将上层物体的色相与饱和度和下层图像的明度相混合，产生新的色彩效果。Q. 亮度：将上层物体的明度与下层图像的色相和饱和度相混合，产生新的色彩效果。

不断增加图层会使文件一直扩大，也会对操作造成不便，于是在适当的时候合并两个以上的图层，可以方便管理。A. 向下合并：先选取想要合并的图层，执行图层中的向下合并指令，则所选的图层会和下方的图层自动合并。B. 合并可见图层：点击图层前的眼睛将不想合并的图层隐藏起来，在选择图层中的合并可见图层指令，就可以将出现的图层合并起来。C. 合并链接图层：将需要合并的图层链接起来，再选中其中的一个，执行图层中的合并链接图层指令。

图层的管理和控制一直是 Photoshop 重要组成部分，在掌握了一般的应用技巧之后，就可以进入图层的高级进阶部分，了解图层中的各种高级控制技巧。

图层蒙版的运用——

这是在进行图像合成时不可缺少的重要技巧，只要学会图层蒙版，几乎没有什么图像是做不出来的。图层蒙版就是在图层上增加一层灰阶图像，然后可以通过各种处理使下面的图像产生局部的透明、半透明或不透明的效果，完成图像的融合效果。

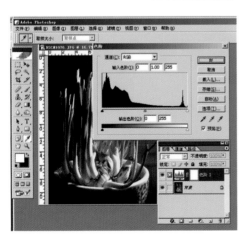
新增调整图层的作用非常强大

在图层上加入图层蒙版：一种是加入快速蒙版，可以单击工具箱中的快速蒙版模式，就可以进入编辑状态，如果以白色为蒙版，然后选择渐变效果，就可以迅速获得图像的渐变淡隐效果；一种是在图像上加上一层图层后，选择图层中的添加图层蒙版指令，就可以进入下面的蒙版编辑。

加上显示全部的图层蒙版后，涂上黑色表示将上面的图层挖空显示出下面的图像，涂上白色表示保留上层图层的不透明，涂上灰色就成为半透明状态，可以使上下图层完美融合。步骤为：单击图层控制面板中的预览图，使蒙版进入编辑状态，选用一种填色或绘图工具，最合适的是喷枪工具，决定笔刷大小及压力，要显示下面图层就涂黑色，要显示上面图层就填白色，要使图层半透明显示，就涂上灰色。可以按住 Alt 键，单击图层蒙版或眼睛，显示不同的效果。还可以暂时关闭图层蒙版，解除图层蒙版的连接，以及移去蒙版。

新增调整图层的作用——

在前面的色彩调整指令中，我们已经掌握了基本的色彩调整方法，但是在图像中的色彩调整却不再具备再次编辑能力，这个问题可以留给新增调整图层的方式来解决，便于随时进行修改并且不破坏原来的文件。

在色彩调整中，同样也可以选择不透明度，以及大多数的模式，如正常、溶解、正片叠底、屏幕、叠加、柔光、强光、颜色减淡、颜色加深、变暗、变亮、差值、排除、色相、饱和度、颜色、亮度等。

利用图层制作的画意效果实例

新调整图层的基本步骤：单击图层控制面板上的新调整图层指令，可以调出对话框，并且进行各种相关的色彩调整，包括：色阶、曲线、亮度和对比度、色彩平衡、色相和饱和度、可选色彩、通道混合器、反相、阈值、色调分离等。

图层效果的使用——

在 5.0 的版本中，图层效果是被认为十分重要的作用之一，到了 6.0 它则被大大提升，从 5 种增加到 10 种。

图层效果的具体操作：在图像中具有两层图层时，执行图层下的效果指令，就可以对上层图层构成 5 种不同的特效。这 5 种特效分别为：投影、内阴影、外发光、内发光、斜面和浮雕。选择其中的一种，并打钩后，就可以进行各种设定。如果全部选中并打钩，则可以将五种特效全部用于同一图层中，当然也可以选择其中的几种。

图层特效设定的效果；还可以调节：A.投影：15 种混色模式；B.内阴影：和投影的调节相似；C.外发光：15 种混色模式；D.内发光：和内发光的调节相似；E.斜面和浮雕：高亮部分的 15 种混色模式，阴影部分的 15 种混色模式，四种斜面和浮雕选择等。

图像中的通道——

主要是对图像色彩信息的一种表现，处理通道，就可以使色彩发生不同的变化。在 Photoshop 中，通道曾经有过重要的作用。但是随着图层的控制功能越来越强大，通道的重要性相对降低了。但是了解通道，对于图像的处理还是有用的。

通过通道控制面板，可以管理所有的通道。在通道控制面板上，可以复制、删除、隐藏、单独显示通道，也可以重新排列次序。

图像色彩通道的分类：A.黑白两色的点阵图和灰阶模式图像只有一个色彩通道（左）；B.RGB 模式图像有四个通道，分别为红色、绿色和蓝色通道，以及固定在第一层的复合通道（中）；C.CMYK 模式图像包括五个通道，分别为青色、洋红色、黄色和黑色通道，以及固定在第一层的复合通道（右）；D.Lab 模式图像则将彩色通道和灰度通道分开处理。

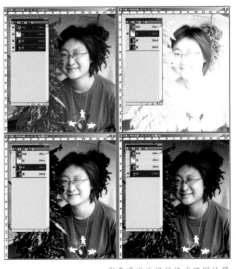

彩色通道选择转换成不同的黑白效果

透明与交叠

这是电脑图像合成技术中最为常见的一种。两幅或多幅图像的内容或局部或全部地叠加在一起，重叠之处不是简单的遮盖而是犹如透明地交融在一起，你中有我、我中有你。在传统摄影中的相似情况就是多次曝光。不过电脑的控制能力强得多，可以对区域、位置和透明程度等因素作随意调节，从而编排出理想效果。

图像色彩通道的编辑——

A.单击某一通道，就可以选取这一通道。按住 Shift 键，可以加选和减选通道。B.可以添加新的通道进行特殊的处理，并且可以分离和合并通道。

在对彩色图像进行选取的过程中，常常会出现选择区域的色彩较为接近，从而很难准确选取的可能。这时候可以通过通道的面板，分别点击不同的通道层，找到反差对比最大的一个通道，进行有效的选取。如果在 RGB 通道中不能找到理想的对比，可以将图像模式转换为 CMYK 模式，再从中寻找需要的通道进行选取。选取完后，回复到先前的模式即可。图为红（右上）、绿（左下）、蓝（右下）三个通道选取的效果。

6. 色彩管理和填色技巧

色彩管理主要是通过色彩控制面板和色标控制面板来完成色彩的管理。对于处理数码照片来说，相对比较简单。其中包括：前景色和背景色——

色彩选取框中前方色块是前景色，主要用来绘图、填色和描边等，后方的色块是背景色，当背景层上的图像去掉或局部色彩被擦掉后，就会出现背景色。

前景色和背景色的不同位置和转换

前景和背景色的关系为：A. 色彩选取框中左下角是预设的前景黑色和背景白色，右上角可以切换这两种颜色的位置；B. 在色彩选取框中，要改变前景色，单击前面的前景色色块，要改变背景色，单击后面的背景色色块，就会跳出拾色器，自由定义色彩；C. 可以执行窗口下的显示颜色指令调出颜色控制面板，然后通过推拉滑杆的方式或是输入色彩值来完成定义；D. 执行窗口下的显示色标控制面板指令调出色标控制面板，可以快速选出前景色与背景色，并且建立自己的色盘供以后调用；方法是决定一种新的颜色，将鼠标放入空白处，就可以填入一种色彩；按住 Ctrl 键则可以删除一种色彩。所有色彩方案都可以储存、替换、复位；E. 通过选色吸管工具，可以直接选取图像上的颜色作为前景色或背景色，单击鼠标可以选取前景色，按住 Alt 健可以选取背景色。

填色技巧——

通过不同的填色方式，可以完成复杂多变的色彩效果。A. 单色填色：执行编辑下的填充指令，可以对整个画面或所选区域填入前景色或背景色，还可以填入白色、灰色和黑色，还可以在混合选项中决定填色的透明度。快捷键的使用：Alt+Backspace 填入前景色，Ctrl+Backspace 填入背景色。B. 描边填色：先在图像上进行任意选取，决定合适的前景色，然后执行编辑下的描边指令，调出描边对话框。设定画笔宽度、画笔位置、不透明度以及混色模式，可以获得不同的描边效果。C. 油漆桶填色：选择工具栏中的油漆桶，可以用前景色对特定的区域填色，其中包括混色模式、不透明度、容差等设置。

渐变填色：选择工具栏中的渐变填色工具，可以建立多种渐变色彩效果，并且可以自定色彩进行渐变填色。可以选择预先设定的 15 种渐变模式，同时可以决定不透明度和混色模式，是否选择仿色使色彩过渡平滑，以及进行反向的渐变效果。填色时由鼠标的起点和终点决定渐变范围。可以通过编辑指令编辑自己喜欢的渐变效果，然后命名储存后作为以后使用。

图案填色：可以选择任何的图像作为图案，经过定义后像瓷砖拼贴的方式填满画面。方法是：通过矩形选取工具选择画面的全部或局部，作为图案的基础。然后执行编辑中的定义图案指令，接下来在新的画面中执行编辑中的填充指令，选择图案填充，并且可以决定混色模式和不透明度，确定后就可以获得图案填色效果。

利用填色技巧构成的图案填色效果

7. 绘图与修图工具

    Photoshop 的绘图和修图工具多达十几种，通过对这些工具的使用，可以画出一张图像，或是将一些普通的图像合成为精彩的画面。在学习这些工具之前，先要了解这些工具所需要的笔刷的作用，这样才可能在使用工具时得心应手。

    笔刷决定绘图与修图工具的笔触大小及形状，可以使用预设的笔刷，也可以自行编辑或建立新的笔刷，并且储存起来供以后使用。A. 预览画笔：选取任何一种绘图或修图工具，可以在控制面板上看到画笔的样式。B. 新画笔：选中任何一种笔刷，点击新画笔指令，可以任意修改已有的笔刷效果。C. 删除画笔：选中需要删除的笔刷，点击删除笔刷指令，可以删除该笔刷。D. 复位画笔：不管经过如何的修改，点击复位笔刷指令，可以恢复原始笔刷的效果。E. 替换画笔：点击替换画笔指令，可以将新的笔刷样式替换现有的笔刷。F. 自定画笔：可以根据自己的需要自己制作画笔，步骤为：选中所需要的图像局部或全部，通过羽化设定柔和范围，执行限定画笔指令，就可以完成一个新的画笔形状。G. 储存画笔：自定义的画笔可以通过储存画笔的指令，给出文件名后保存，以后可以重新调出使用。

笔刷的丰富性为图像添加了创意的活力

    默认的笔刷仅为圆形笔刷。可以通过右面的三角点击后，选择载入笔刷，可以在 Brushes 的目录下新增方的和特殊形状的各种新笔刷。图像上方就是各种笔刷的效果。

    绘图工具包括：A. 画笔工具：产生水彩笔或毛笔的线条笔触，方法如下：选取画笔工具，选择合适的笔刷，选择颜色，决定混色模式，设定不透明度，可以完成不同的画笔效果；B. 铅笔工具：和画笔工具相似，但是线条较硬，如同铅笔的绘画效果；C. 喷枪工具：类似传统的喷枪效果，边缘比画笔更为柔和与晕化，选取喷枪工具，除了不透明度的选项变为压力并可以控制强度之外，其余的操作同画笔；D. 橡皮擦工具：可以擦掉图像中的颜色，并且填入背景色，选取橡皮擦工具，决定需要的画笔模式：画笔、喷枪、铅笔、块四种，然后擦出不同形状的背景色。

    绘图工具主要有画笔、铅笔、喷枪和橡皮擦等，结合控制面板、调色盘等设定，可以获得各种不同的绘图效果。

    修图工具可以用来处理局部的图像，完成修图工作。A. 橡皮图章工具：可以将局部的图像复制到其他位置，并具有特效功能。使用步骤如下：选取工具箱内的橡皮图章工具，决定不同的混色模式和不透明度。勾取对齐模式，可以通过相对关系复制完整图像。按住 Alt 键，单击需要复制的位置，设定复制的起点，然后松开 Alt 键，移动鼠标就可以进行复制。选择图案图章仿制工具，通过编辑中的定义图案的指令，选择局部的画面，则可以自由地仿制所选的图案效果。同样也可以选择混色效果和不透明度。B. 模糊工具：使局部图像模糊，产生摄影中的柔焦效果。选取模糊工具，决定混色模式和压力，将鼠标移至画面中就可以模糊局部效果。C. 锐化工具：可以增加图像的锐利度，操作方式同模糊工

绘图工具的使用可以天马行空

修图工具可以修补缺陷也可以移花接木

Tips

物体表面肌理的替换

现实世界中每一物体都有其独有的表面肌理，但在电脑中可以任意更换，形成似是而非的形态。在这里原始物体一般在拍摄时被反映出较强的立体感，而作为要更换的"肌理"则需要其源图像的平面化较强。因为合成物体依赖于原始物体提供一个有明暗变化的空间形体。电脑可以提取每张源图像中不同的成分加以合成，保持光影变化，并可以在形体转折较明显之处对纹理作变形处理，使透视相吻合。

艺术滤镜中的调色刀模拟绘画效果

具。锐化不适宜过度使用，否则会导致图像严重失真。锐化之前最好保留原始图像，并且在图像处理的最后一步再作锐化。D.涂抹工具：以涂抹的方式晕开颜色，或者产生指尖涂抹的效果。选取工具箱中的涂抹工具，决定笔刷大小、混色选项以及压力，就可以进行晕化涂抹。勾选手指绘画，则可以结合面板上的前景色进行手指绘画。E.减淡工具：可以将局部的图像加亮，决定调性、曝光度，就可以通过涂抹的方式局部提亮画面。F.加深工具：可以将局部图像加深，和减淡工具正好相反。操作方法相同。G.海绵工具：可以局部修改色彩的饱和度。选取海绵工具，决定压力，可以选择加色提高饱和度，选择去色降低饱和度，直接涂抹即可。

8. 滤镜分类和使用

Photoshop中的滤镜之多，功能之丰富，完全超出一般人的想象，不仅可以取代传统暗房中的各种特技效果，同时可以大大拓宽创作的空间，被认为是最具实用效果的功能之一。

艺术效果滤镜——

属于变形类滤镜，用于对图像的变换处理。它只能对RGB模式的图像进行处理，如果是CMYK模式，必须经过转换后处理。A.彩色铅笔滤镜：产生彩色铅笔绘制效果。B.木刻滤镜：通过彩色等值域来处理图像。C.干画笔滤镜：通过随机色阶模仿干笔刷干后的效果。D.胶片颗粒滤镜：黑色颗粒随机填充效果。E.壁画滤镜：产生模拟壁画的效果。F.霓虹灯光滤镜：模拟粉红色的氛光效果。G.绘画涂抹滤镜：模拟油画效果。H.调色刀滤镜：模拟版画效果。I.塑料包装滤镜：将图像的高色阶部分用银色塑料材质来表现。J.海报边缘滤镜：广告色渲染的宣传画形式。K.粗糙彩笔（粗蜡笔画）滤镜：可以选定指定的纹理产生蜡笔画的绘画效果。L.涂抹棒（熏黑）滤镜：在高亮区域描上黑线条，如同烟熏效果。M.海绵滤镜：如同海绵球在画面上的涂抹效果。N.底纹效果滤镜：以指定的纹理用低调油彩来表现。O.水彩滤镜：模拟水彩画效果。P.调色刀效果：可以调整描边大小（数值越大，颜色容易成为片状），线条细节（数值小，边缘细节会被忽略），软化度（数值越小，图像会呈块状）。Q.塑料包装效果：可以调整高光强度（数值越大，银色塑料面积越大），细节（数值越小，细节越会被忽略），平滑度（塑料区域填充的平滑程度）。

模糊滤镜分为静态模糊和动态模糊两大类，在图像处理中经常用到。A.模糊滤镜：比较轻微的模糊效果。B.进一步模糊滤镜：略微强一些的模糊效果，C.高斯模糊滤镜：可以设置模糊的强度，半径越大，模糊程度越强。D.动感模糊滤镜：产生动体快速移动的效果。可以调整角度（移动模糊的方向），距离（运动线的长度，数值越大，

素描滤镜中便条纸效果的抽象表现力　　　　　　　　　　画笔描边滤镜的成角的线条效果

运动线越长）。E.径向模糊滤镜：产生以某个轴心的移动、旋转模糊效果。可以调整数量（数值越大，动感程度越强），模糊方法（分为转动和缩放两种），模糊品质（模糊处理的三种从粗糙到精细效果），模糊中心（直接拖动鼠标决定模糊的中心位置）。F.特殊模糊滤镜：产生不同色阶区域的模糊效果，可以调整半径（数值越大，模糊区域越大），阈值（数值越大，模糊的像素点就越少），模糊品质（分为高、中、低三种质量），模糊模式（分为正常、仅限边缘和叠加边缘三种）。

　　画笔描边滤镜——

　　采用不同的画笔效果对图像边缘进行描绘。A.强化的边缘滤镜：对图像边缘用浓色调进行描绘。B.成角的线条（角度扩张）滤镜：根据一定角度扩张线条。C.阴影线滤镜（交叉扩张）：根据交叉方式扩张线条边缘。D.深色线条滤镜：以黑白区域的像素根据指定角度扩张。E.墨水轮廓滤镜：将黑白区域用油墨勾出边线。F.喷溅滤镜：将图像碎化，产生被雨水冲溅的效果。G.喷色描边滤镜：将图像碎化并扩张，产生被雨水冲溅、笔刷拖过的效果。H.油灰墨滤镜：将图像根据色级加强，并将黑色扩张。I.成角的线条滤镜：可以调整方向平衡（不同的扩张角度），扩张长度（纹理的扩张区域大小），锐化程度（数值越大，边缘效果越明显）。J.喷溅滤镜：可以调整喷色半径（控制碎化区域的大小），平滑度（数值越大，边缘过渡越平滑）。

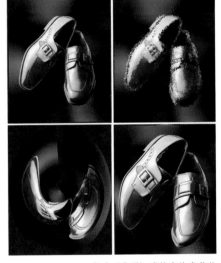

扭曲（变形）滤镜中的多种处理特技

　　扭曲（变形）滤镜：使图像产生不同的变形夸张效果。A.扩散亮光滤镜：将像素点扩散发光，产生光晕效果。B.置换滤镜：通过移动图像的方式来置换图像，必须选择一幅新的图像作为基础。C.玻璃滤镜：通过指定的纹理使图像产生毛玻璃观看的效果。D.波纹滤镜：使图像产生波纹效果。E.挤压滤镜：使图像产生隆起、凹陷的效果。F.海洋波纹滤镜：效果同波纹滤镜，控制的方式有所不同。G.极坐标滤镜：由平面坐标转换为极坐标，或者由极坐标转换为平面坐标。H.切变滤镜：根据指定的变形曲线产生需要的效果。I.球面化滤镜：可以将图像进行球面或柱面处理。J.旋转扭曲滤镜：以图像中心产生漩涡效果。K.波浪滤镜：可以根据设定产生随机的歪曲摇晃效果。L.水波（涟漪）滤镜：犹如石块投入水中的涟漪效果，样式分为围绕中心、从中心向外和水池波纹三种。

　　杂色滤镜：添加或消除杂色效果。A.蒙尘与划痕：消除颗粒和灰尘，可以调整半径（像素的多少），阈值（色阶的分布）。B.去斑：消除画面上的斑点，比如扫描印刷品时出现的网格等。C.添加杂色：添加各种颗粒。D.中间值：以像素的中间值消除颗粒，可以调整半径大小。杂色滤镜可以调整数量的多少，选择平均分布（随机产生颗粒）、高斯分布（沿正态分布曲线添加）、单色（添加的颗粒为单色）。

像素化滤镜中的彩块化肌理

像素化滤镜：针对图像中的像素进行变换效果。A.彩色半调滤镜：将图像中的像素采用彩色半色调来表现。B.晶格化滤镜：以随机的多角形来表现像素，可以调整单元格的大小。C.彩块化滤镜：产生五个像素的矩形刻面，大小不能改变。D.碎片滤镜：交叉透明错开后产生摇晃效果。E.铜版雕刻滤镜：随机添加点线等变化，模拟铜版画效果，有十种不同的选择。F.马赛克滤镜：可以产生马赛克效果，并且调整马赛克的大小。G.点状化滤镜：产生随机形状的点，可以调整单元格的大小。

渲染滤镜：产生指定的渲染图像。A.3D变换滤镜：产生各种三维立体的透视效果，需要电脑有很强的处理能力。B.云彩滤镜：在图像中填充云彩，云彩为前景色。C.分层云彩滤镜：产生叠加云彩的负像效果。D.镜头光晕滤镜：添加逆光的光晕效果。E.光照效果滤镜：添加各种不同的光源，可以调整10多种不同风格的光源效果，在光源类型中，可以选择点光源和全光源、光源强度、光源聚焦（控制灯光中心大小），光源颜色以及光源开关。在光源属性中，可以调整光泽（从无光泽到有光泽）、材料（从塑料纸感到金属质感）、曝光度（从曝光不足到曝光过度）、环境（控制整个画面的亮度）。在纹理通道中可以选择对全部通道或单独通道的处理。F、纹理填充滤镜：可以选择指定的纹理对画面进行填充。

渲染滤镜使用前后的对比效果

锐化滤镜：对图像进行锐化处理。A.锐化滤镜：轻微的锐化处理。B.进一步锐化滤镜：略微强些的锐化效果。C.锐化边缘滤镜：仅对图像的轮廓部分进行锐化。D.USM锐化滤镜：用数值来设定图像的锐化程度。可以调整数量（边缘的锐化程度）、半径（边缘的锐化宽度）、阈值（数值越大，锐化的像素点越少）。

素描滤镜：对图像进行快速描绘，产生速写素描效果。A.基底凸现滤镜：产生浅浮雕的效果。B.粉笔和炭笔滤镜：模拟粉笔和炭笔结合的绘画效果。C.炭笔滤镜：用木炭画来描绘整个图像。D.铬黄滤镜：产生如同克铬米上刻出的效果。E.彩色粉笔滤镜：添加纹理后产生淡粉笔画的效果。F.绘图笔滤镜：变换为钢笔画效果。G.半调图案滤镜：以半色调的方式叠加在指定的模板上。H.便条纸滤镜：模拟凹凸的便条纸肌理效果。I.副本滤镜：将彩色图像复制为黑白照片。J.塑料效果滤镜：模拟塑料浇铸的效果。K.网状滤镜：随机填充小矩形斑点。L.图章滤镜：将图像变成黑白印模的图章效果。M.撕边滤镜：产生撕裂图像边缘的效果。N.水彩画纸滤镜：产生图像印在粗纤维纸上的效果。O.便条纸滤镜：可以调整图像平衡（数值越大，凸出区域越小）、粒度（图像的颗粒大小）、凸现（凸出的明显程度）。P.水彩画纸滤镜：可以调整纤维长度、亮度和对比度。

风格化滤镜：产生特殊变形的表现效果。A.扩散滤镜：使图像产生扩散的特殊效果。B.浮雕效果滤镜：产生浮雕效果。如果在彩色图像中使用，会产生色彩渗出，可以将彩色图像转换为灰度图像后再使用该滤镜。C.凸出滤镜：将图像变为三维空间的物体。D.查找边缘滤镜：根据色级描绘图像的轮廓。E.照亮边缘滤镜：产生五彩缤纷的轮廓图像。F.曝光过度滤镜：将图像的明亮部分反转后产生中途曝光效果。G.拼贴滤镜：将图像分割为瓷砖形状，然后错开放置。H.等高线滤镜：描绘出指定色阶的等高线。I.风滤镜：产生风吹的效果。可以调整三种不同类型的风，左右方向。

纹理滤镜：将图像叠加在指定的浮雕纹理上。A.龟裂纹滤镜：如同地面干裂的效果，可以调整裂缝间距，裂缝深度和裂缝亮度。B.颗粒滤镜：叠加指定的颗粒，可以调整强度和对比度，并能选择多种颗粒类型。C.马赛克拼贴滤镜：产生由马赛克纹理

Tips

变形处理

　　一般图像处理软件都提供平面变形功能，只是或多或少彼此不同。组合这些功能可在平面的操作中有目的地改变原有形态。有时甚至有三维的变化效果，或者利用变形来修改透视，有些变形是利用辅助软件插件通过计算机图形学的计算达到特殊变形效果，如模拟波浪运动等。

拼贴的图像。D.拼缀图滤镜：将高色阶部分用矩形方块构成浮雕效果，可以调整平方大小，凸现的明显程度。E.染色玻璃滤镜：以多边形的色彩玻璃构成半透明画面，可以调整单元格大小、边界厚度和光照强度。F.纹理化滤镜：用指定纹理产生填空效果，可以选择多种纹理或指定纹理，调整比例缩放、凸现效果和光照方向，还可以使纹理呈反向效果。

风格化滤镜创造的艺术效果

其他滤镜——

此外，视频滤镜可以消除摄像机采集图像的缺陷。

其他一些自定义等特殊滤镜，包括：A.自定义滤镜：由用户自己设计滤镜；B.高反差保留滤镜：对图像进行滤波处理，使阴影消失，亮点部分突出；C.最大值滤镜：图像亮的区域增大，暗的区域减小；D.最小值滤镜：和上面相反，放大暗区，减小亮区；E.位移滤镜：使图像的像素点右移或下移。

在操作过程中可以执行重新使用最近一次的滤镜功能，还可以在褪去（淡化）滤镜对话框中选择不透明度，以及17种合成模式。

除此之外，还可以选择第三方厂商的滤镜，获得更多的变化效果。

9. 历史记录和动作设置

历史记录就像是后悔药，可以让图像操作者回到从前。

历史记录控制板可以记录从打开文件开始所有工作的20次最近的记录，包括各种命令或是工具的操作。这样不仅可以随意恢复到以前的任何一个步骤，重新开始新的操作，并且可以结合历史记录画笔，完成新的创意效果。

历史记录会消耗大量的内存，如果确定不需要再执行任何的恢复操作，可以通过编辑——清理命令，消除各种还原和历史记录所占的内存资源，提高电脑的处理速度。

保存快照——

如果想保留其中某个记录，避免在超过20个记录后被删除，可以将这一记录保存为快照。如果结合历史记录画笔工具或历史记录艺术画笔工具，可以绘制独特的图像合成效果。保留快照的好处是，当历史记录很多时，所需要的步骤不会被后面的历史记录所覆盖。

保存快照的步骤为：选中需要保存的记录，从控制面板中点击新快照，取名后保存，就可以随意恢复这一个历史记录。当然也可以随时删除快照。

动作设置——

动作设置就像是录音机将录制的声音重新播放一样，可以将每一个操作步骤记录并长期保存下来，从而通过重复播放来完成一些重复而枯燥的工作，既快捷又准确。同时还可以结合批处理功能，更大幅度节省时间和精力。

动作设置步骤：点击动作面板中的新动作，取名，红色录像按钮就会自动按下，开始记录以后每一个操作步骤。中途可以暂停，完成后再点击停止按钮，就可以保存这个连续的动作并留作以后使用。当你打开一张新的图片时，点击这一动作的播放按钮，电脑就会自动重复先前的操作，完成一系列相同的动作，达到处理相同效果图像的作用。

利用动作设置制作油画画框：制作打开一张图像，点击新动作，取名"油画画框"，确定后录像红灯亮。使用滤镜——艺术效果——

利用历史记录制作的特技实例

粗糙蜡笔，再使用滤镜——胶片颗粒；设定前景色（如木框的棕色），选取全部图像，再进入选择——修改——扩边（边界），宽度根据需要选定（40），执行选择——羽化（2－5），填充前景色。最后停止录像。接下来使用这一动作，可以使需要的图像制作出相同的镜框效果。

如果需要跳过这一系列动作中的某个动作，可以点击取消这一动作的左面打钩位置；如果需要对某一个动作进行特殊设置，可以点击命令前的空白对话框，这样在执行动作时，到了这个位置电脑就会停下，等待新的处理，然后继续下去。

预设动作与特技——

在动作中已经预设了许多有用的动作，方便制作许多特技。一些动作可以通过载入的方式，在 Photoshop 目录下载入到现场操作中，也可以删除。还可以到网上下载一些新的动作供使用。如果对某一个制作方法感兴趣，可以一步一步分解动作的每一个步骤，学到具体的制作技巧，举一反三。

预设动作与特技制作的画框

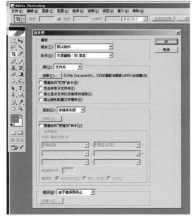

进入自动批处理的设置界面

还需要掌握批处理的运用。结合某个动作，使用文件——自动——批处理命令，可以一次处理大量的图像，不需人工的干预完成。

名家案例之八：从传统到数码

我们先来说说美国摄影家杰里•尤斯曼（Jerry Uelsmann，1934—），他是在传统暗房中创造出超现实主义观念摄影作品的大师级人物。尤斯曼擅长于暗房特技制作，其作品的题材主要有岩石、树、人像和支离破碎的风景，通过多架放大机将不同底片上的影像叠合在一张画面上，产生象征、变形、夸张、抽象的荒诞效果，以此来折射现代生活内在的本质。他那异想天开的创造力赢得了人们的瞩目，并于1967年获得古根海姆奖金，1972年获国家艺术基金会奖金。他的摄影风格正如他在自白中所说的："尽管暗房可以切断我和外面世界的联系，但是我在暗房中的活动，又和外面的宇宙万物有着千丝万缕的牵连。在暗房里，我可以静下心来，进行内心的对话，把我在外面拍到的影像和我内心的思绪结合起来。"在过去的30年里，尤斯曼在美国和世界各地举办过100多个个人展览。他的照片为许多世界范围的博物馆作为永久收藏，还出版了多本作品集。即便是在20世纪末退休后，他还坚持自己的手工暗房制作，无视数码技术大潮的逼近，成为最为"顽固"的超现实主义观念摄影大家。他在最近写《谈艺术》一文中，谈了一些自己工作的方法：

"我努力在没有预设想法的状态下工作，每一次的快门开合都包含着即时的情绪和视觉审美，都是我对被摄物体的深刻感受，包括有意识的以及前意识的。底片成了我的视觉日记，我所见到的有所感触的东西都被相机记录下来，它们包含了我的影像形成发展的整个过程。在我走入暗房之前，我会筛选这些底片，选择新鲜的以及有创新想法的底片，将可能具有相通之意的底片放在一起，

名家案例——泰勒 01

名家案例——泰勒 02

我的希望是制作出令我吃惊的照片，制作出新奇、独特的照片成了我最大的乐趣。"

就在尤斯曼沉浸在传统暗房的同时，数码摄影已经逐渐成熟，为观念摄影提供了更为方便的利器。前几年出版的 Adobe Photoshop 大师经典系列丛书推出了一位女性摄影家的数码摄影作品"梦幻风景"，这就是玛姬•泰勒（Maggie Taylor, 1961—）的数码蒙太奇。然而最有意思的是，泰勒正是尤斯曼的妻子——夫唱妇随，却是选择了完全不同的创造空间。泰勒那些想象力丰富、风格迥异的画面被认为是超现实主义领域的古典探索。在泰勒奇妙的、平面化的宇宙空间中，鸟儿骑着自行车，云彩的造型构成了理想中的具型物体，维多利亚古典淑女的背上长出了翅膀……她说她的主题创意来自跳蚤市场以及她周围的环境，然后通过平板扫描仪、Photoshop 软件以及彩色打印机创造了令人惊讶的美丽和巨大的情感冲击力。

玛姬•泰勒在她的"梦幻景观"中，详尽地介绍了她的创作思路和过程。她解释了她所受到的影响，包括来自艺术和生活的方方面面，融合了各种艺术成分的秘诀。同时，我们也看到了艺术家和评论家对她的肯定，包括一些很有价值的访谈。同时书中也引用了布列东在1924年的超现实主义宣言中的一段话："让我们断言，不管怎么说，不可思议的永远是美丽的，所有不可思议的都是美丽的。美丽只属于不可思议的创造。"正如艺术家在书中所说："如果你问我 15 年前的计算机，我很难想象能够用于今天的工作。然而今天它却足以胜任编织我的主题和兴趣。感谢上帝给了我第七天的创造机会。"

对比尤斯曼和泰勒的作品，还有一个现象是不得不引起人们关注的。这就是技术和观念所形成的巨大张力。尤斯曼选择的是传统的银盐制作工艺，至今不改初衷，在网上的作品仍旧卖得很好。但是作品所呈现的创意空间，非常具有当代艺术的后现代特征，远远超越了传统工艺的局限。而他的妻子选择的数码技术创造的影像，却完全沉浸在一种复古主义的浪潮之中，那样一种具有维多利亚风格的画面，留给人的更多是怀旧的梦幻感，似乎选择了最先进的技术营造了最复古的氛围。当然两者有一点是相同的，他们的作品同时利用了传统的画册印刷、画廊展示等手段和先进的网络推广模式，使他们的作品传播效应达到了最大的效益空间。所以是否可以这样说：技术的力量是有限的，创意的空间可以无穷。

名家案例——尤斯曼 01

名家案例——尤斯曼 02

? 思考练习

1.请说明数码摄影后期制作中对硬件环境调整的重要性。

2.数码图像后期调整中最重要的基本概念和操作手段有哪些？

3.后期调整中的图层和通道分别具有哪些特征和作用？

4.图像的色彩控制和工具使用在后期调整中可以起到什么样的作用？

5.后期制作中最为丰富的滤镜多达近百种，你认为哪些是最常用的？

6.历史记录和动作设置有哪些要点，如何操作？

图书在版编目 (CIP) 数据

高等院校摄影摄像精品课程：数码摄影通用技法 /
林路编著 . —— 上海：上海人民美术出版社，2019.6
ISBN 978-7-5586-1289-3

Ⅰ.①高… Ⅱ.①林… Ⅲ.①数字照相机－摄影技术
－教材 Ⅳ.① TB86 ② J41

中国版本图书馆 CIP 数据核字 (2019) 第 097874 号

高等院校摄影摄像精品课程
数码摄影通用技法

编　　著：林　路
责任编辑：张　璎
设计制作：顾　静　黄婕瑾
技术编辑：季　卫
出版发行：上海人民美術出版社
　　　　　上海长乐路 672 弄 33 号
　　　　　邮编：200040　电话：021-54044520
网　　址：www.shrmms.com
印　　刷：上海丽佳制版印刷有限公司
开　　本：787×1092　1/16　8.25 印张
版　　次：2019 年 6 月第 1 版
印　　次：2019 年 6 月第 1 次
印　　数：0001-3300
书　　号：ISBN 978-7-5586-1289-3
定　　价：58.00 元